设计必修课

室内装饰工程预算与投标报价

任素梅 编著

SHINEI ZHUANGSHI GONGCHENG YUSUAN YU TOUBIAO BAOJIA

化学工业出版社

·北京·

内容简介

本书参考了建筑装饰工程项目管理和工程造价管理及建筑装饰预概算的基本原理，并结合了建设部《建设工程工程量清单计价规范》（GB 50500—2013）和《房屋建筑与装饰工程量计量规范》等规范，以及现行国家和地方关于装饰工程费用的规定文件等内容进行编写，较全面地覆盖了建筑装饰工程预算与投标报价的各个方面。全书共分为室内装饰工程预算基础知识、室内装饰工程预算定额与预算费用、室内装饰工程工程量的计算、室内装饰工程设计概算与施工图预算、室内装饰工程工程量清单及清单计价、室内装饰工程的招投标与合同价款六个章节，讲解中结合实例解析，让读者可以更全面、更生动地理解书中内容。

本书适合建筑装饰专业的在校学生、初入行的新人设计师或对建筑装饰构造有兴趣的家装业主阅读参考。

图书在版编目（CIP）数据

设计必修课：室内装饰工程预算与投标报价 / 任素梅编著. —北京：化学工业出版社，2021.5（2024.9重印）
ISBN 978-7-122-38665-6

Ⅰ. ①设… Ⅱ. ①任… Ⅲ. ①室内装饰－建筑预算定额－教材②室内装饰－投标－教材 Ⅳ. ①TU723.3

中国版本图书馆CIP数据核字（2021）第041733号

责任编辑：王　斌　毕小山　　文字编辑：冯国庆
责任校对：刘曦阳　　装帧设计：尹琳琳

出版发行：化学工业出版社（北京市东城区青年湖南街13号　邮政编码100011）
印　　装：大厂聚鑫印刷有限责任公司
710mm×1000mm　1/16　印张12½　字数250千字　2024年9月北京第1版第4次印刷

购书咨询：010-64518888　　售后服务：010-64518899
网　　址：http://www.cip.com.cn
凡购买本书，如有缺损质量问题，本社销售中心负责调换。

定　　价：68.00元

前言
PREFACE

随着建筑装饰及材料技术的不断发展，以及人们生活水平和审美标准的不断提高，人们对居住环境的要求越来越高。这也促进了室内装饰行业的发展，自然而然地对室内装饰行业及相关从业人员也提出了更高的要求，不仅需要能够进行设计、懂得使用正确的材料、懂得相关的施工技术，还需要具有高水平的工程管理能力和预概算能力等。

本书在内容编写上参考了建筑装饰工程项目管理和工程造价管理及建筑装饰预概算的基本原理，并结合了《建设工程工程量清单计价规范》(GB 50500—2013)和《房屋建筑与装饰工程量计量规范》，以及现行国家和地方关于装饰工程费用的规定文件等内容，较全面地覆盖了建筑装饰工程预算与投标报价的各个方面。全书共分为六章：室内装饰工程预算基础知识、室内装饰工程预算定额与预算费用、室内装饰工程工程量的计算、室内装饰工程设计概算与施工图预算、室内装饰工程工程量清单及清单计价、室内装饰工程的招投标与合同价款。讲解中结合实例解析，让读者可以更全面、更生动地理解书中内容。本书适合建筑装饰专业的在校学生、初入行的新人设计师或对建筑装饰构造有兴趣的家装业主阅读参考。

另外，本书在资料整理、内容组织等方面，得到乐山师范学院民宿发展研究中心的资助，在此表示感谢。

由于编著者水平有限，书中不足之处在所难免，希望广大读者批评指正。

编著者

第一章 室内装饰工程预算基础知识

室内装饰工程预算是室内装饰科学中融合了技术性和科学性的一门学科，它的知识体系非常复杂，对于没有接触过或没有系统了解其内容的人群来说，先掌握基础知识是非常必要的。本章主要讲解的即为室内装饰预算的基础知识，包括室内装饰工程的概念、内容、特点、项目种类的划分及室内装饰工程预算的意义、种类、作用和各种装饰预算的编制方法等。

扫码下载本章课件

一、了解室内装饰工程

学习目标	本小节重点讲解室内装饰工程的基础知识。
学习重点	了解室内装饰工程的概念、内容、特点及项目种类的划分。

1 室内装饰工程的概念

室内装饰工程是指通过装饰设计、施工管理等一系列的建筑工程活动对建筑工程项目的内部空间进行美化艺术处理，从而获得理想的装饰艺术效果的工程全过程，即指建筑装饰项目从业务洽谈、方案设计到施工与管理直至交付业主使用等一系列的工作组合，包括对新建、扩建、改建的建筑室内进行的装饰工程。

室内装饰的设计、施工与管理水平，不仅反映一个国家的经济发展水平，也反映这个国家的文化艺术和科学技术水平，同时还是民族风格、民族特色的集中体现。因此，室内装饰工程的设计与施工，既不是单纯的设计绘图，也不是简单的材料堆积，而是系统化的工程。

2 室内装饰工程的内容

室内装饰工程的主要内容是装饰结构与分布面，包括室内顶、地、墙面的造型和分布面，以及美化配置、灯光配置、家具配置，并由此产生了室内装饰的整体效果。有些工程还包括水电安装、空调安装及部分建筑结构的改动。

3 室内装饰工程的特点

室内装饰工程的特点如下。

①室内装饰施工是在建筑空间内进行的多门类、多工种的工艺操作。

②在很多装饰面的处理上有较强的艺术性和技术性。

③装饰材料品种繁杂、规格多样，施工工艺和处理方法各异。

④工期短、工作量琐碎繁杂，难以把工人的工种划分得很细，要求一工多能。

⑤施工辅助种类多，性能、特点、用途各异。

⑥各工种、各工序间的关系密切，间隔周期短，要求配合密切。

4 室内装饰工程项目种类的划分

室内装饰工程项目包括单项工程、单位工程、分部工程和分项工程四个种类，一个单项工程是由几个单位工程组成的，一个单位工程又可划分为若干个分部、分项工程，而工程预算的编制工作就是从分项工程开始的。室内装饰工程项目的这种划分方式，既有利于编制概预算文件，也有利于项目的组织管理。

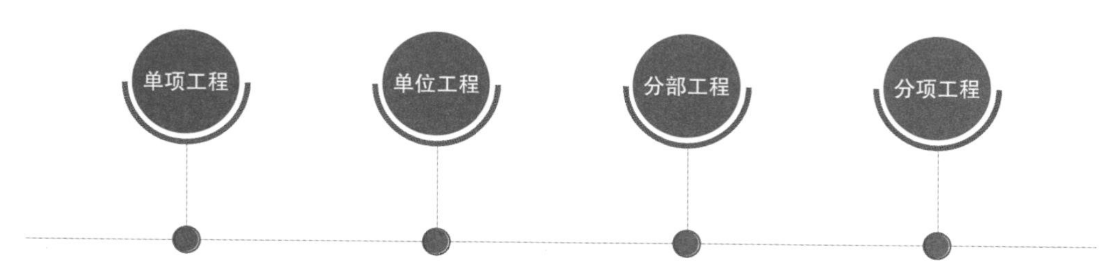

室内装饰工程项目种类

①**单项工程**：单项工程也称为工程项目，指具有独立的设计文件、竣工后可以发挥生产能力或效益的工程，是具有独立存在意义的一个完整工程，是一个复杂的综合体，由若干个单位工程组成。例如，学校的教学楼、图书馆、学生宿舍等室内的装饰装修工程，均可被称为一个单项工程。

②**单位工程**：单位工程是单项工程的组成部分。凡是具有单独设计，可以独立施工，但完工后不能独立发挥生产能力或效益的工程，都是一个单位工程。一个单项工程一般由若干个单位工程所组成，有时也由一个单位工程构成。通常单位工程是按照单位空间的分部和分项工程的总和来划分的。它涉及七个部分，即顶棚工程、墙柱面工程、楼地面工程、门窗工程、隔断工程、门厅与过道工程和卫生间工程。

③**分部工程**：单位工程的若干个分部即为分部工程。室内装饰工程，其分部工程可以划分为饰面工程、配套陈设工程、电气工程、给排水及暖通工程、环境园林工程五项。

④**分项工程**：分项工程是分部工程的组成部分，它是将分部工程进一步细分为若干部分，即组成分部工程的若干个施工过程。室内装饰工程一般按照选用的施工方法、施工顺序、材料、结构构件和配件等的不同来划分，也可以按照不同工种划分，或者以单一工种为主体的作业工程划分，如轻钢龙骨吊顶、墙纸裱糊、地面镶贴花岗岩石板等。分项工程是建筑安装工程的基本构成因素，它是为便于计算和确定单位工程造价而设想出来的一种产品。

思考与巩固

1. 什么是室内装饰工程？其包括哪些内容？
2. 室内装饰工程具有哪些特点？
3. 室内装饰工程项目包括哪些种类？每一种分类的概念是什么？

二、了解室内装饰工程预算

学习目标	本小节重点讲解室内装饰工程预算的基础知识。
学习重点	了解室内装饰工程预算的种类、作用、内容及每种预算的编制方法。

1 室内装饰工程预算的意义

室内装饰工程预算是室内装饰设计文件的重要组成部分，是根据室内装饰工程的不同设计阶段设计图样的具体内容和国家规定的定额、指标及各项取费标准，在装饰工程建设施工开始之前预先计算其工程建设费用的经济文件，由此所确定的每一个建设项目、单位工程或单项工程的建设费用，实质上就是相应工程的计划价格。室内装饰工程预算是企业进行经济核算、成本控制、经济技术分析、施工管理、制订计划以及竣工决算的重要依据，是设计管理的重要内容和环节，是室内设计和室内装饰装修工程的重要文件，是设计企业进行装饰工程费用估算的重要内容，也是装饰企业进行成本核算的唯一依据，更是室内设计人员、室内装修技术人员、管理人员所必须掌握的一门融技术性和技巧性为一体的课程。

综上所述，室内装饰工程预算是室内设计的一个组成部分，是装饰工程管理的一个重要内容，也是每一个室内设计人员、工程管理人员都必须掌握的专业内容。

室内装饰工程预算的理论充分体现了与装饰工程技术相关的法律和法规准则，也体现了独立的经济法则运行规律。若将室内装饰看作一个产品，那么室内装饰工程预算的学习内容可理解为如何用最低的成本产出此产品，进而从中获取更高的经济效益。因此，学习室内装饰工程预算，对提高室内装饰工程的管理水平和设计水平都具有重要的意义。

2 室内装饰工程预算的种类和区别

(1) 室内装饰工程预算的种类

装饰装修工程预算是指在执行基本建设程序过程中，根据不同设计阶段的装饰装修设计文件的内容和国家规定的装饰装修工程定额，各种费用取费率标准及装饰装修材料预算价格等资料，预先计算和确定每项新建或改建装饰装修工程所需要的全部投资额的经济文件。它是室内装饰工程在不同建设阶段经济上的反应，是按照国家规定的特殊计划程序，预先计算和确定装饰工程价格的计划文件。为了对装饰工程进行全面而有效的经济管理，在工程项目的各个阶段都必须编制有关的经济文件，这些不同经济文件的投资额则要根据其内容要求，由不同测算工作来完成。所以，室内装饰工程预算可分为以下五种类型。

室内装饰工程预算种类

投资估算

投资估算是指在装饰工程项目投资前期，根据装饰设计任务书规划的工程项目，依照概算指标、初步设计方案和现场勘测资料所确定的工程投资额，以及主要材料用量等经济指标而编制的经济文件。在设计任务书阶段，它是审批项目或立项的重要依据，因此，要求投资估算必须保证准确性和全面性，如果误差过大，则将导致决策的失误。

设计概算

设计概算是指在初步设计阶段，由设计单位根据工程的初步设计或扩大初步设计图纸、概算定额或指标、各项费用取费定额或取费标准、材料的预算价格以及建设地区的自然和技术经济条件等资料，预先计算和确定室内装饰工程费用的经济文件，包括建设项目总概算、单项工程综合概算、单位工程以及其他工程的费用概算等。

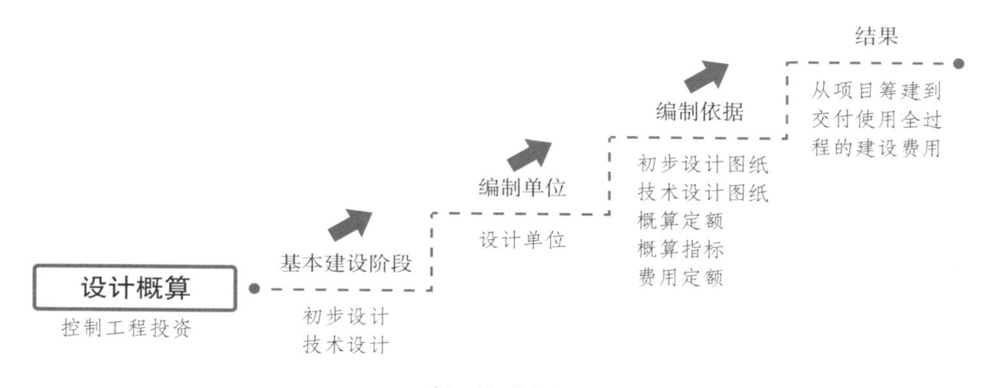

↑设计概算解析

施工图预算

施工图预算是指在施工图设计阶段，当装饰工程设计完成后，在单位工程开工前，施工单位根据施工图纸计算的工程量、施工组织设计和国家规定的现行工程预算定额、单位估价表以及各项费用的费率标准、材料的预算价格、建设地区自然和技术经济条件等资料，预算计算和确定的工程费用的文件。它是确定室内装饰工程造价的基础文件，包括单位工程总预算、分部和分项工程预算、其他项目及费用三部分。

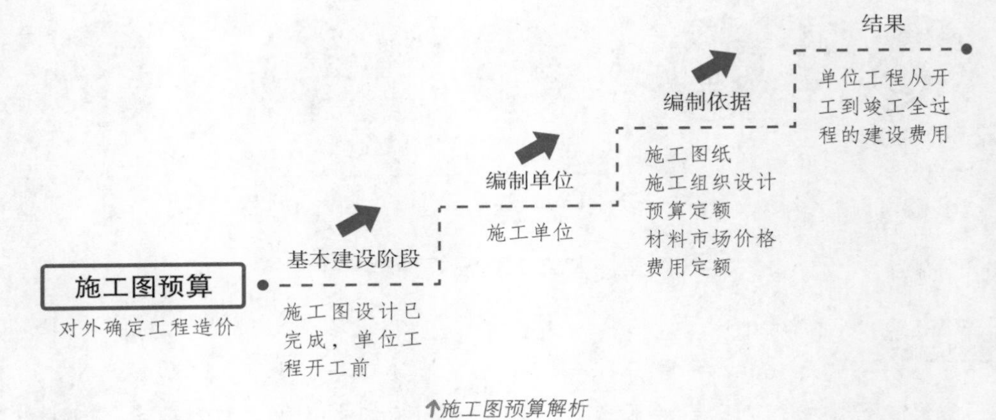

↑施工图预算解析

施工预算

施工预算是施工单位内部编制的一种预算，是指施工阶段在施工图预算的控制下，施工队根据施工图计算的分项工程量、施工定额、施工组织设计或分部（项）工程施工过程设计等资料，通过工料分析，预先计算和确定完成一个单位工程或其中的分部（项）工程所需的人工、材料、机械台班消耗量及相应费用的文件。其主要内容是工料分析、构件加工、材料消耗量、机械台班等分析计算资料，适用于劳动力组织、材料储备、加工订货、机具安排、成本核算、施工调度、作业计划、下达任务、经济包干、限额领料等项目管理工作。

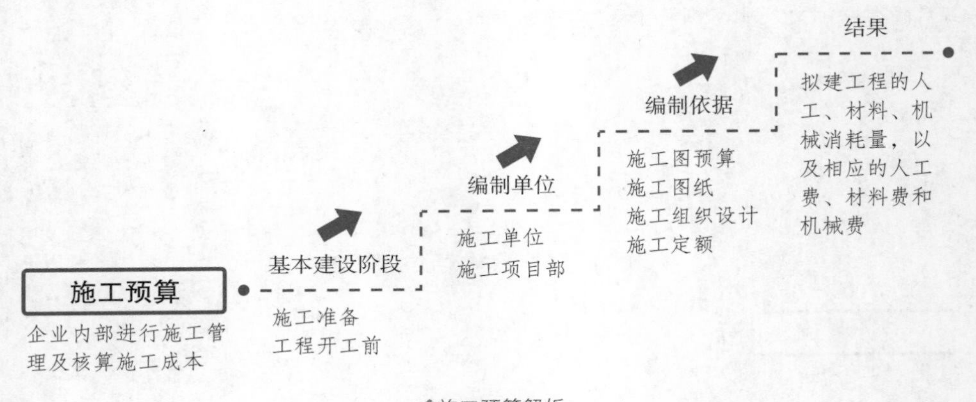

↑施工预算解析

知识扩展

施工图预算与施工预算的区别

室内装饰工程施工图预算为室内装饰工程造价，即预算成本，其主要作用是组织施工管理，加强经济核算的基础，是签订施工承包合同、拨付工程进度款、甲乙双方办理竣工工程价款的依据。

室内装饰工程施工预算确定的是装饰企业内部的工程计划承办，是装饰施工企业为了防止工程预算成本超支而采取的一种防范措施。

工程结算与竣工决算

①工程结算：工程结算是指以实际完成的工程项目的工程量、有关合同单价以及工程施工过程中现场实际情况的变化（工程变更、施工记录等）计算当月应付的工程价款。工程结算根据实际情况的不同，可分为以下五种结算方式。

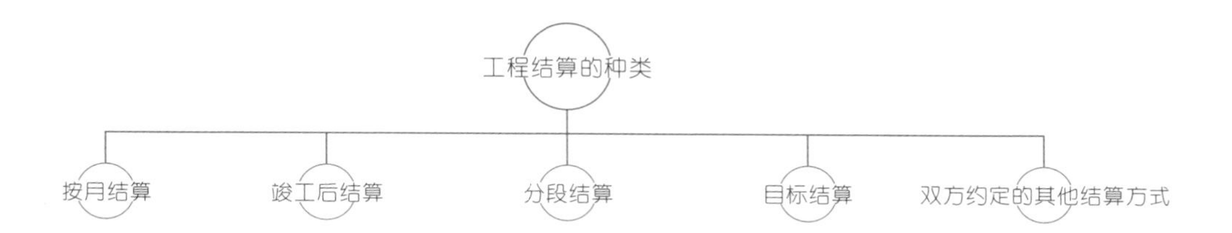

②竣工决算：竣工决算是指工程竣工后，根据实际施工完成情况，按照施工图预算的规定和编制方法，编制的工程实际造价以及各项费用的经济文书。它是由施工企业编制的最终结算的凭据，经建设单位和建设银行审核无误后生效。

竣工决算表的内容和做法，需根据地方基建主管部门的规定来进行。除此之外，不同类型装饰工程的竣工决算表的内容也存在差异性：大中型装饰工程的竣工决算表包括竣工工程概况表、竣工财务决算表及交付使用财产明细表；小型装饰工程的竣工决算表则只包括竣工财务决算表和交付使用财产明细表。

（2）室内装饰工程预算的区别

室内装饰工程中，各阶段预（决）算之间的差异如下表所示。

不同阶段的预（决）算对比

编制阶段	编制内容	编制单位	编制依据	用途
投资估算	可行性研究	工程咨询机构	投资估算指标	投资决策
设计概算	初步设计或扩大初步设计	设计单位	概算定额	控制投资及造价
施工图预算	工程承发包	工程咨询机构和施工单位	预算定额	编制标底、投标报价、确定工程合同价

续表

编制阶段	编制内容	编制单位	编制依据	用途
施工预算	施工结算	施工单位	施工定额	企业内部成本、施工进度控制
工程结算	工程验收前	施工单位	预算定额、设计及施工变更资料	确定工程项目建造价格
竣工决算	竣工验收后	建设单位	预算定额、工程建设其他费用定额、竣工决算资料	确定工程项目实际投资

3 室内装饰工程预算的作用

(1) 设计概算的作用

概算文件是设计文件的重要组成部分。国家明确规定：装饰工程项目在报审初步设计或扩大初步设计时，必须附有设计概算。没有设计概算，就不能作为完整的设计文件。其作用如下。

国家制定和控制建设投资的依据

对于国家投资项目，需按照规定报请有关部门或单位批准初步设计及总概算，以便于国家科学合理地确定投资计划和调整投资布局。

编制建设计划的依据

根据建设年度计划安排的工程项目，其投资需要量的确定、建设物资供应计划和建筑安装施工计划等，都以主管部门批准的设计概算为依据。

银行拨款和贷款的依据

银行根据批准的设计概算和年度投资计划，进行拨款和贷款，并严格实行监督控制。

签订总承包合同的依据

对于施工期限较长的大中型建设项目，可以根据批准的建设项目、初步设计和总概算文件，确定工程项目的总承包价。

考核设计方案的经济合理性、控制施工图预算和施工图设计的依据

设计单位根据设计概算进行技术经济分析和多方案评价，以提高设计质量和经济效果，同时保证施工图预算和施工图设计在设计概算的范围内。

编制招标标底和投标报价的依据

以设计概算进行招投标的工程，招标单位编制标底是以设计概算造价为依据的，并以此作为评标定价的依据。承包单位为了在投标竞争中取胜，也以设计概算为依据，编制出合适的投标报价。

（2）预算的作用

确定装饰工程造价的依据

预算可以作为建设单位招标的标底，也可以作为投标人投标报价的参考。

实行装饰工程预算包干的依据

通过发包人与承包人的协调，可在工程预算的基础上，增加一定系数（考虑设计或施工变更后可能产生的不可预见费用），然后由承包人将费用定为一个不可变动的数额。

承包人对比和考核的依据

预算是承包人进行“两算”（施工图预算和施工预算）对比和考核工程财务成本的依据。

装饰施工企业编制计划、统计和完成施工产值的依据

在装饰工程预算的控制下，装饰施工单位可以正确编制各种计划，进行装饰工程施工准备、组织施工力量、组织材料供应、统计上报完成的施工产值。

4 室内装饰工程预算的编制方法

（1）概算定额编制法

概算定额编制法是根据各分部分项工程的工程量、概算定额基价、概算费用指标及单位装饰工程的施工条件和施工方法计算工程造价的。

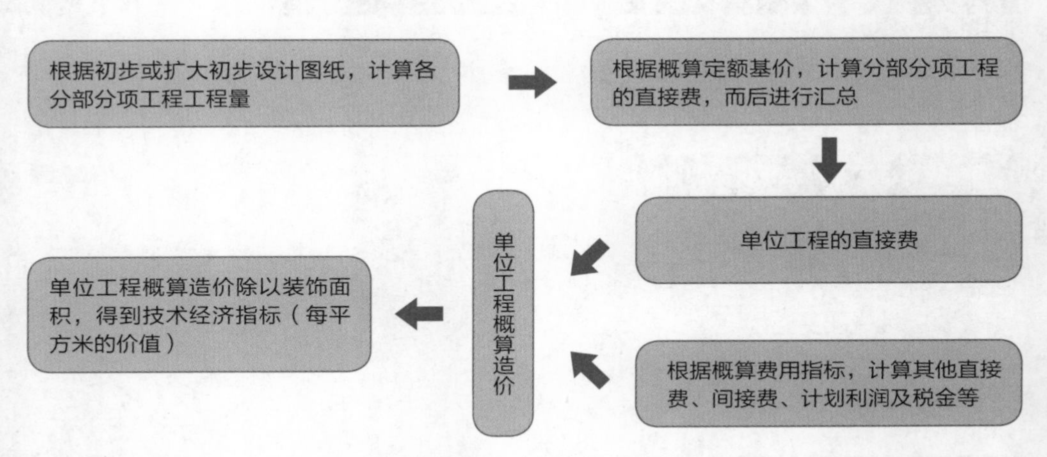

↑概算定额编制法的编制程序图示

（2）概算指标编制法

概算指标编制法的计算程序与概算定额编制法基本相同，但用概算指标编制装饰工程设计概算对设计图纸的要求不高，只需要反映出结构特征，能进行装饰面积的计算即可。该方法的关键是要选择合理的概算指标。

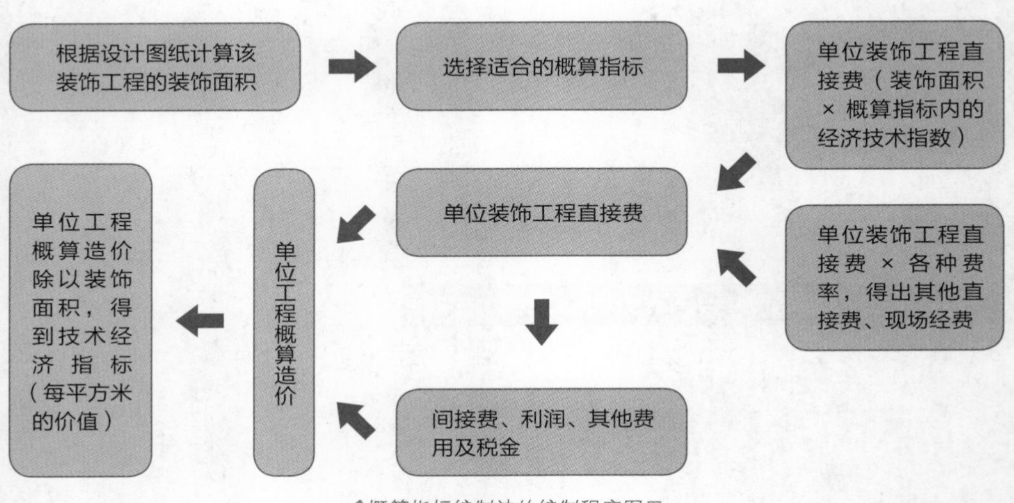

↑概算指标编制法的编制程序图示

（3）类似工程预算编制法

类似工程预算编制法是指已经编制好的用于某装饰工程的施工图预算。这种编制方法所需时间短，数据较为准确。

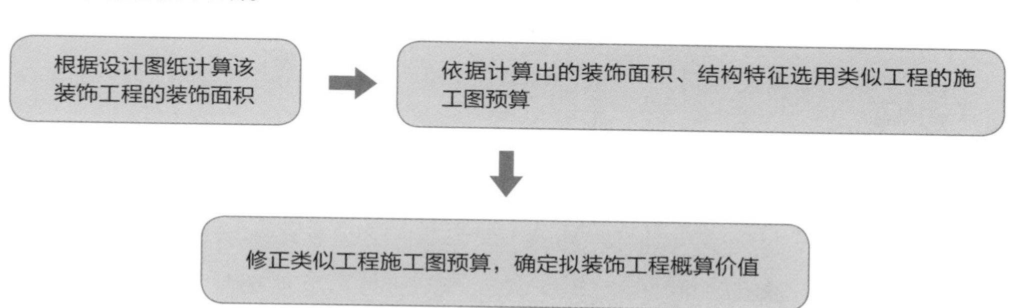

↑类似工程预算编制法的编制程序图示

（4）单位估价法

单位估价法是根据各分部分项工程的工程量、预算定额基价或地区单位估价表，计算工程造价的方法。

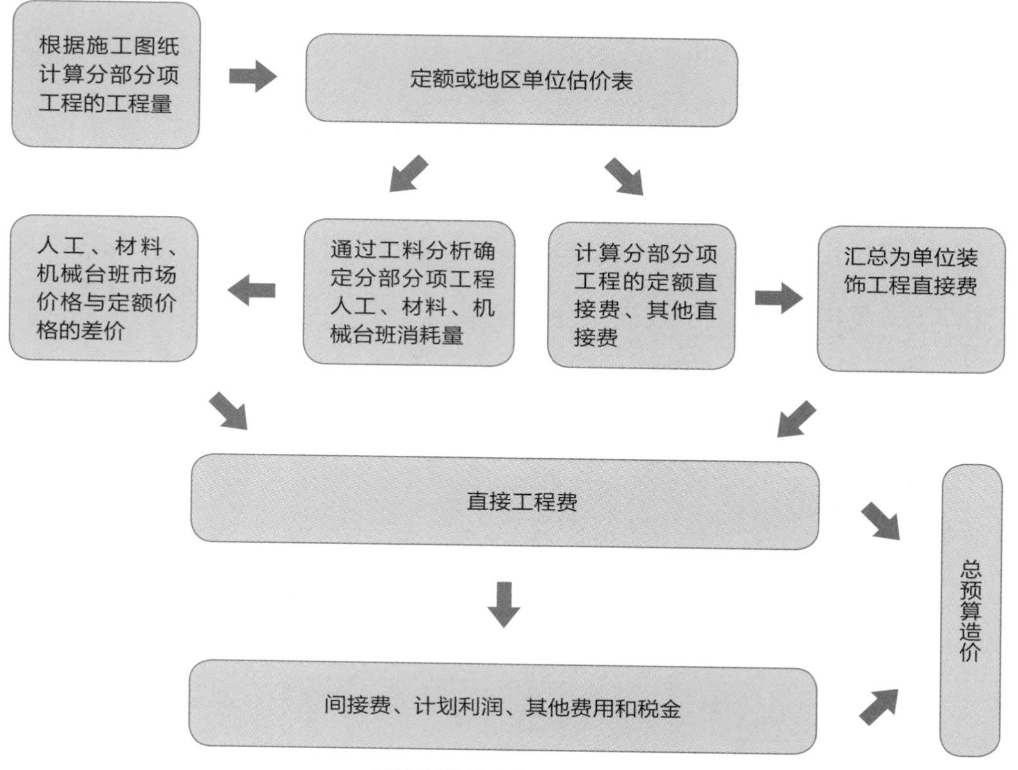

↑单位估价法的编制程序图示

（5）实物造价法

实物造价法就是以实际使用人工、材料、机械台班的数量来计算工程造价的方法。

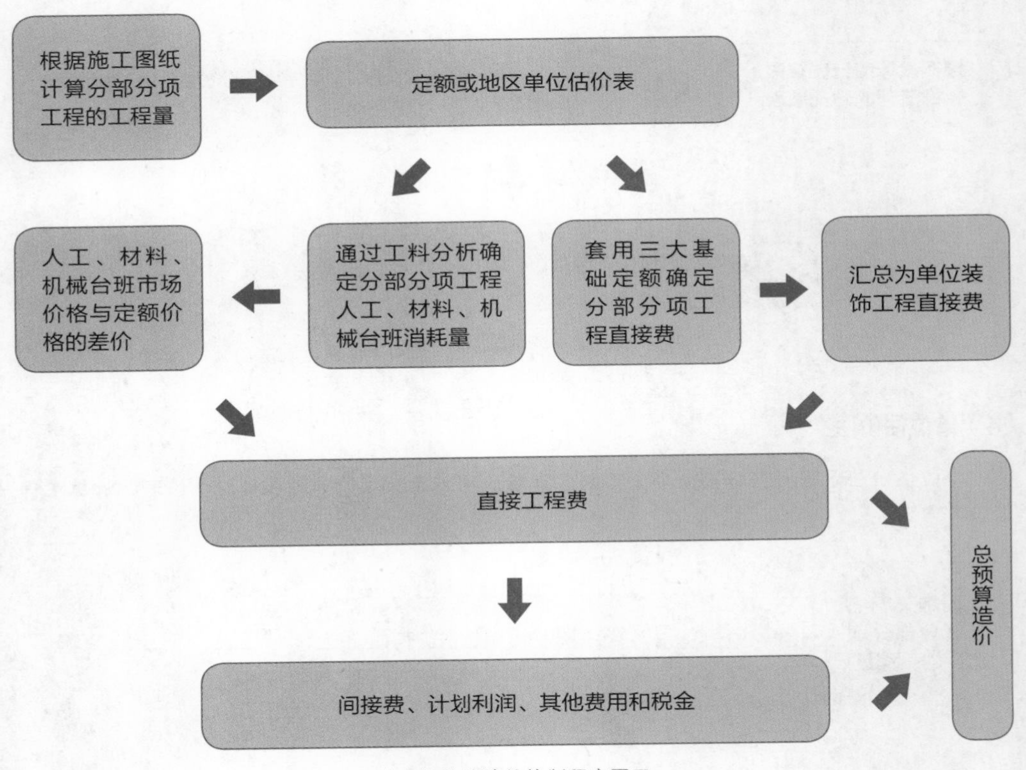

↑实物造价法的编制程序图示

（6）工程量清单造价法

工程量清单造价法主要用来编制室内装饰工程投标报价，是以招投标文件规定完成工程量清单来计算工程造价的。其计算程序为：编制分部分项工程量清单→计算分部分项工程量清单费用→计算措施项目及其他措施项目费→计算规费和税金→汇总计算工程造价。

思考与巩固

1. 什么是室内装饰工程预算？
2. 学习室内装饰工程预算的意义是什么？
3. 室内装饰工程预算都有哪些种类？它们之间存在哪些差别？
4. 室内装饰工程概算和预算都分别具有哪些作用？
5. 室内装饰工程预算都有哪些编制方法？编制程序分别是什么？

第二章 室内装饰工程预算定额与预算费用

室内装饰工程预算定额在预算中具有极其重要的作用，其编制过程是科学而复杂的，是装饰工程进行预算不可缺少的文件之一。想要顺利地编制预算书，必须懂得预算定额知识。除此之外，与之息息相关的是预算费用的有关内容，如费用组成、取费费率等。本章将重点讲解与此两部分内容有关的知识。

一、室内装饰工程预算定额

学习目标	本小节重点讲解室内装饰工程预算定额的有关知识。
学习重点	了解室内装饰工程预算定额的概念、分类、作用、编制及组成。

1 室内装饰工程预算定额的概念

室内装饰工程预算定额是指在正常合理的施工技术与建筑艺术综合创作下，采用科学的方法，制定出生产质量合格的分项工程所必需的人工、材料和机械台班以价值货币表现的消耗数量标准。在建筑装饰工程预算定额中，除了规定上述各项资源和资金消耗的数量以外，还规定了应完成的工程内容和相应的质量标准及安全要求等内容。

从以上概念中可以看出，装饰工程预算定额包含以下三个方面的含义。

标定对象明确

装饰工程预算定额的标定对象是分项工程或装饰结构件、装饰配件等

标定内容明确

装饰工程预算定额的标定内容有人工、材料、机械台班等消耗量的数量

不同对象计量单位不同

根据标定对象的不同特点，计量单位是有区别的，如m、m²、m³、t等

2 室内装饰工程预算定额的分类

室内装饰工程预算定额，根据分类方式的不同，具有不同的名称。为了更全面地了解定额，按照定额不同可将其做以下四种分类。

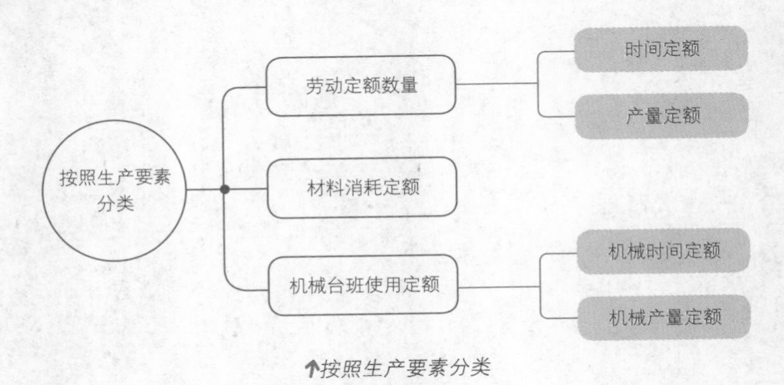

↑按照生产要素分类

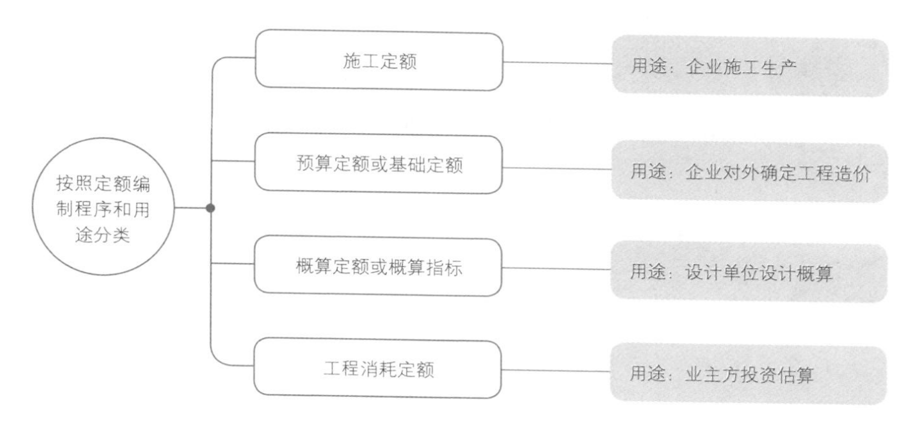

↑按照定额编制程序和用途分类

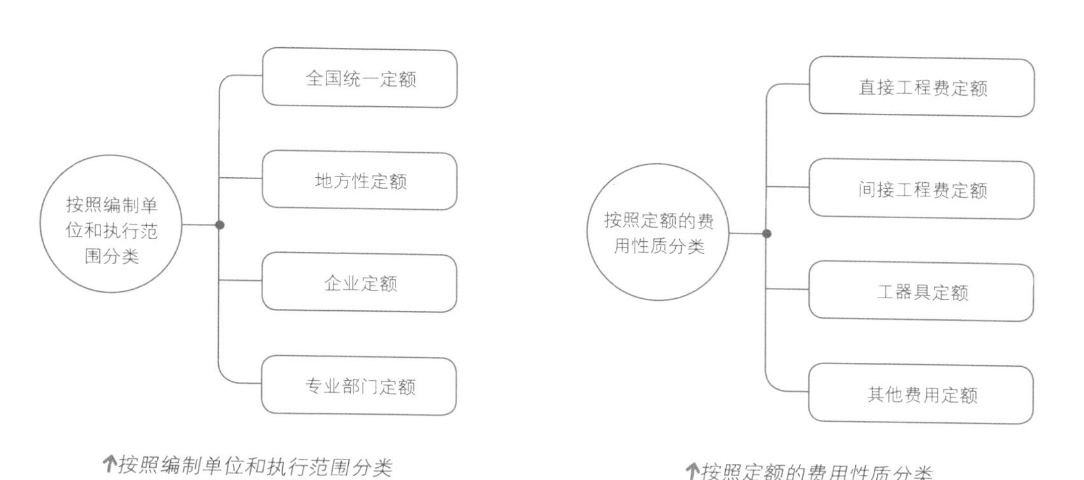

↑按照编制单位和执行范围分类

↑按照定额的费用性质分类

3 室内装饰工程预算定额的作用

室内装饰工程预算定额在现行室内装饰工程预算制度中具有非常重要的作用。特别是在我国进一步改革开放和装饰工程全球化的市场经济发展的形势下，室内装饰工程预算定额的作用将显得更加重要。具体来说，室内装饰工程预算定额具有以下几种作用。

装饰工程要进行施工必须编制施工组织设计方案，确定拟施工的工程所采用的施工方法和相应的技术措施，确定现场平面布置和施工进度安排，确定人工、机械、材料、水电力资源需要量及物料运输方案，才能保证装饰工程施工得以顺利进行。根据装饰工程定额规定各种消耗量指标，才能够较精确地计算出拟装饰部位所需要的人工、材料、机械、水电资源的需要量，确定出相应的施工方法和技术组织措施，为拟施工的装饰工程有计划地组织装饰材料供应，平衡劳动力与机械调配，安排合理的装饰施工进度等。

02 确定招标标底和投标报价的基础

在市场价格机制运行中，室内装饰工程招标标底的编制和投标报价，都要以室内装饰工程预算定额为基础，它具有控制劳动消耗和装饰工程价格水平的作用。

03 对设计方案进行经济比较的依据

装饰工程设计在注重装饰美观、舒适、安全和方便的同时，也要符合经济合理的要求。通过室内装饰定额对装饰工程项目设计方案进行经济分析和比较，是选择经济合理的设计方案的重要依据。

对装饰设计方案的比较，主要是针对不同的装饰设计方案的人工、材料和机械台班的消耗量、材料重量等进行比较。而对于新材料、新工艺在装饰工程中的应用，也要借助于装饰工程定额进行技术经济分析和比较。

04 编制施工图预算造价的基础

室内装饰工程的造价，需要通过编制装饰工程施工图预算的方法来实现。在施工图设计阶段，装饰施工项目可以根据施工设计图样、装饰工程预算定额及当地的取费标准，准确地编制出室内装饰工程施工图预算。

05 工程结算的依据

室内装饰工程结算是建设单位（发包方）和施工单位（承包方）按照工程进度对已完工程实行货币支付的行为，是商品交换中结算的一种形式。

室内装饰工程工期一般比较长，不可能都采用竣工后一次性结算的方法，通常采用分期付款的方式结算，以缓解施工企业的经济压力。采用分期付款的依据一般根据完成施工项目的分项工程量来确定，而采用已完分部工程量进行结算时，必须以装饰工程定额为依据计算应结算的工程价款。在具备地区单位估价表的条件下，虽然可以直接利用预算单价进行结算，但预算单价的计算基础仍然是预算定额。

06 签订施工合同的依据

装饰工程承包双方，在商品交易中按照法定程序签订装饰工程施工合同时，为明确双方的权利与义务，合同条款的主要内容、结算方式和当事人的法律行为，也必须以装饰定额的有关规定，作为合同执行的依据。

07 装饰企业进行成本分析的依据

在市场经济体制中，室内装饰产品价格的形成以市场为导向。加强装饰企业经济核算，进行装饰成本分析、装饰成本控制和装饰成本管理，是作为独立的经济实体的装饰企业自主定价、自负盈亏的重要前提。

因此，装饰企业必须按照室内装饰工程预算定额所提供的各种人工、材料和机械台班等的消耗量指标，结合当前的装饰市场现状，来确定装饰工程项目社会平均成本及生产价格，并结合本企业装饰成本的现状，做出比较客观的分析，找出企业中活劳动和物化劳动的薄弱环节及原因，以便于将装饰预算成本与实际成本进行比较、分析，从而改进施工管理，提高劳动生产率和降低成本消耗，在日趋激烈的市场价格竞争中装饰企业才能具有较大的竞争优势和较强的应变能力，以最少的耗费取得最佳的经济效益。

08 编制概算定额和概算指标的基础

利用预算定额编制概算定额和概算指标，可以节省编制工作中大量的人力、物力和时间，收到事半功倍的效果。更重要的是，可以使概算定额和概算指标在水平上和预算定额一致，以免造成计划工作和实行定额的困难。

综上所述，室内装饰工程预算定额在现行室内装饰工程预算制度中具有非常重要的作用。特别是在我国进一步改革开放和装饰工程全球化的市场经济发展的形势下，室内装饰工程预算定额的作用将显得更加重要。

4 室内装饰工程预算定额的编制

（1）预算定额的编制原则

简明适用的原则

编制预算定额贯彻简明适用原则是对执行定额的可操作性便于掌握而言的。依据此条原则，预算定额中对于主要的、常用的、价值量大的分项工程的划分宜细；对于次要的、不常用的、价值量小的分项工程的划分宜粗。

按社会平均水平确定预算定额的原则

按社会平均水平确定预算定额的原则即按照“在现有的社会正常的生产条件下，在社会平均的劳动熟练程度和劳动强度下制造某种使用价值所需要的劳动时间”来确定定额水平。所以预算定额的平均水平，是在正常的施工条件、合理的施工组织和工艺条件、平均劳动熟练程度和劳动强度下，完成单位分项工程基本构造要素所需的劳动时间。

预算定额水平以施工定额水平为基础。预算定额中包含了更多的可变因素，需要保留合理的幅度差。预算定额是平均水平，施工定额是平均先进水平，所以两者相比预算定额水平要相对低一些。

统一性和差别性相结合的原则

统一性，就是从培育全国统一市场规范计价行为出发。

差别性，就是在统一性基础上，各部门和省、自治区、直辖市主管部门可以在自己的管辖范围内，根据本部门和地区的具体情况，制定部门和地区性定额、补充性制度和管理办法。

（2）预算定额的编制依据

①现行劳动定额和施工定额。

②现行设计规范、施工及验收规范、质量评定标准和安全操作规程。

③具有代表性的典型工程施工图及有关标准图。

④新技术、新结构、新材料和先进的施工方法等。

⑤有关科学实验、技术测定的统计、经验资料。

⑥现行的预算定额、材料预算价格及有关文件规定等。

(3)预算定额的编制阶段

预算定额的编制可分为准备工作、定额编制以及审批定稿三个阶段。

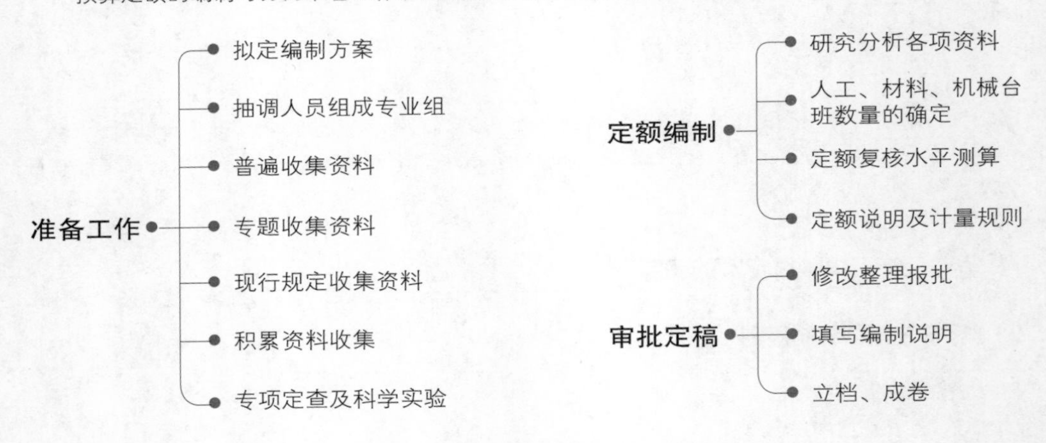

↑预算定额的编制阶段

(4)预算定额的编制方法

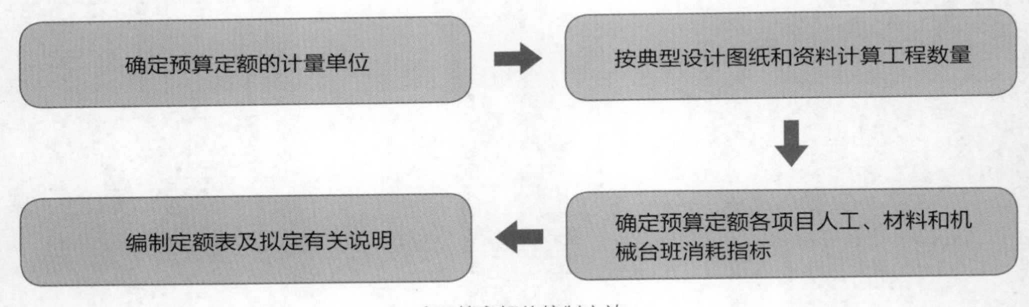

↑预算定额的编制方法

5 室内装饰工程预算定额的构成

(1)预算定额的组成

预算定额一般以单位工程为编制对象，按分部工程分章，章以下为节，节以下为定额子目，每一个定额子目代表着一个与之对应的分项工程，分项工程是构成预算定额的最小单位。

(2)预算定额手册

在实际运用中为了使用方便，通常将预算定额与单位估价表汇编成册，包含预算定额、单位估价表的内容，还有工程量计算规则、附录及相关的资料，所以被称为“预算定额手册”。

（3）预算定额手册的组成

预算定额手册的组成一般包括以下六个部分。

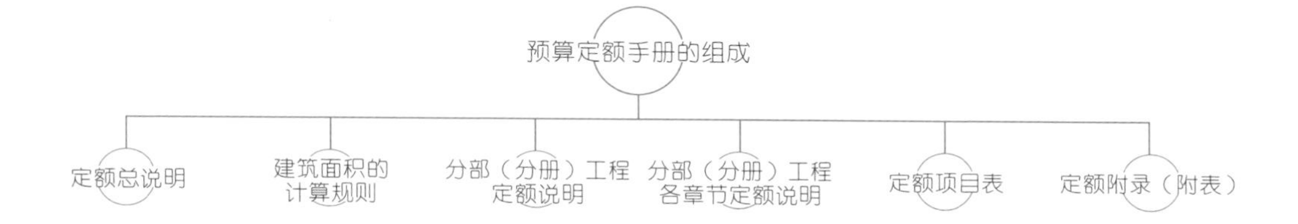

定额总说明

定额总说明一般包含以下内容。

①预算定额的适用范围、指导思想及目的、作用。

②预算定额的编制原则、主要依据及上级下达的有关定额修改的文件。

③使用本定额必须遵守的规则及本定额的适用范围。

④定额所采用的材料规格、材质标准、允许换算的原则。

⑤定额在编制过程中已经考虑的因素及未包括的内容。

⑥各分部工程定额的共性问题和有关统一规定及使用方法。

建筑面积的计算规则

建筑面积是核算平方米收费或工程造价的基础，是分析装饰工程技术经济指标的重要数据，是计划和统计工作指标的依据。必须根据国家有关规定，对建筑面积的计算做出统一规定。

分部（分册）工程定额说明

分部（分册）工程定额说明一般包含以下内容。

①说明分部（分册）工程所包含的定额项目内容和子项目的数量。

②分部工程各定额项目工程量的计算方法。

③分部工程定额内综合的内容及允许换算和不得换算的界线与特殊规定。

④使用本分部工程允许增减系数的范围规定。

分部（分册）工程各章节定额说明

分部（分册）工程各章节定额说明一般包含以下内容。

①在定额项目表表头上方说明各章节工程工作内容及施工工艺标准。

②说明本章节工程项目所包括的主要工序和操作方法。

定额项目表

定额项目表由分项定额组成，是预算定额的主要构成部分，一般包含以下内容。

①分项工程定额编号（子目号）：一般采用“两符号”和“三符号”编号法。

②分项工程定额名称：分项工程项目名称。

③预算价值（基价）：包括人工费、材料费、机械台班费、综合费、利润、劳动保险费、规费和税金。其中，人工费、材料费、机械台班费均以计算价格为准。一般表现形式有两种：一种是对号入座的单项单价；另一种是按定额内容和各自用量比例加权所得的综合单价。

④人工表现形式：包括综合工及其他工费用。综合工包括工种和数量及工资等级（平均等级）。

⑤材料（含构、配件）表现形式：材料栏内一般列主要材料和周转使用材料名称及消耗数量。次要材料一般都以其他材料形式以金额“元”表示。

⑥施工机械表现形式：机械栏内有两种列法，一种是列主要机械名称和数量，次要机械以其他机械费形式用金额“元”或占主要机械的比例表示；另一种是以综合机械名义列出，只列数量，不列机械名称。

除以上内容外，有的定额表下面还列有与本章节定额有关的说明和附录。说明设计与本定额规定不符时如何进行调整，以及说明其他应说明的但在定额总说明和分部（分项）说明不包括的问题。

表格的版面设计有横排版和竖排版两种类型，各地区根据习惯选用，表格中的内容基本相同。

定额附录（附表）

预算定额的最后一部分是附录或附表，是配合定额适用不可缺少的一个非常重要的部分，不同地区的情况不同、定额不同、编制不同，附录（附表）中的定额数值也不同，一般包括以下内容。

①各种不同标号或不同体积比的砂浆、装饰涂料等有多种原材料组成的单方配合比材料用量表。

②各种材料成品或半成品场内运输及操作损耗系数表。

③常用的材料名称及规格换算表。

④建筑物超高增加系数表。

⑤定额人工、材料、机械台班综合取定价格表。

（4）预算定额中基价的确定

预算定额中的基价就是定额分项工程的预算单价，是以装饰工程预算定额或基础定额规定的人工、材料、机械台班消耗量为依据，以货币形式表示的每一个定额分项工程的单位产品价格。一般是以各省会城市的工人日工资标准、材料和机械台班的预算价格为基准综合取定的，是编制装饰工程预算造价的基本依据。

预算定额中的基价由人工费、材料费、机械台班费组成。人工费、材料费、机械台班费是以人工工日、材料和机械台班消耗量为基础编制的。计算公式如下。

①预算基价 = 定额人工费 + 定额材料费 + 定额机械台班费。

②人工费 = Σ（定额人工工日数量 × 当地人工工资单价）。

③材料费 = Σ（定额材料消耗数量 × 材料预算价格）。

④机械台班费 = Σ（定额机械台班消耗数量 × 施工机械台班预算价格）。

定额人工费的计算

定额人工费也就是定额使用的人工工日的单价，是指一个生产工人一个工作日在预算中应记入的全部人工费用。人工工日单价由基本工资、工资性补贴（物价、燃气、交通、住房补贴及流动施工津贴等）、生产工人辅助工资（学习、培训、探亲、休假、病假及因气候停工的工资等）、职工福利费、生产工人劳动保护费组成。计算方式如下。

①基本工资 = 生产工人平均月工资 / 年平均每月法定工作日。

②工资性补贴 = Σ年发放标准 /（全年日历日 – 法定假日）+ Σ月发放标准 / 年平均月法定工作日 + 每工资日发放标准。

③生产工人辅助工资 = 全年无效工作日 ×（基本工资 + 工资性津贴）/（全年日历日 – 法定假日）。

④职工福利费 =（基本工资 + 工资性津贴 + 生产工人辅助工资）× 福利费计取标准。

材料预算价格的编制

一般在室内装饰工程中，材料费占 70% 左右，材料预算价格的正确与否，会直接影响工程造价的高低。在定额的编制过程中，材料预算价格的编制占据非常重要的地位。材料预算价格的组成如下。

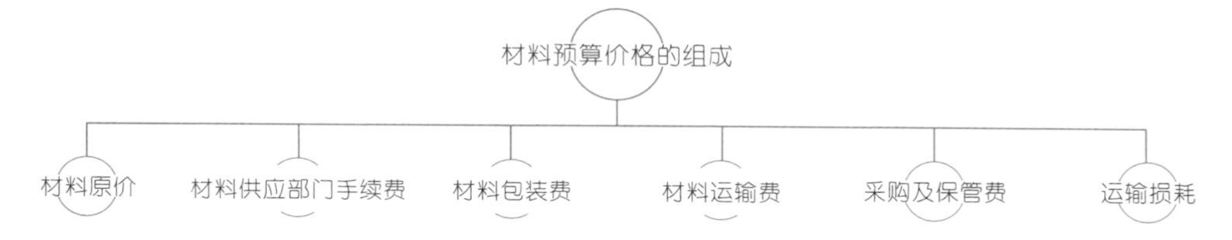

材料预算价格的确定如下。

①材料原价：指材料出厂价或供应价，根据调查的各种商品、各种价格、各种用量的不同，采取加权平均的办法定价。

②材料供应部门手续费：原价 × 费率。

③材料包装费：材料包装费原价 – 回收值。

④材料运输费：运输范围为自产地或供应点至工地仓库之间的距离。以实际用料发生的运距，用加权平均法计算平均运距。运费标准按照运输主管部门的现行规定计算，外地采购的材料自火车站至工地的杂运费、火车运费另计，不包括在价格内。

⑤采购及保管费：（材料原价 + 材料供应部门手续费 + 运输损耗 + 材料包装费 + 材料运输费）× 采购及报关费费率。

机械台班费的确定

机械台班费由两大类、七项费用组成。

施工机械台班费是按施工机械不同型号、规格编制的。因为规格型号众多，所以定额取定时采取的是施工机械综合台班费，预算定额手册中的机械费单价指的就是机械综合台班费。

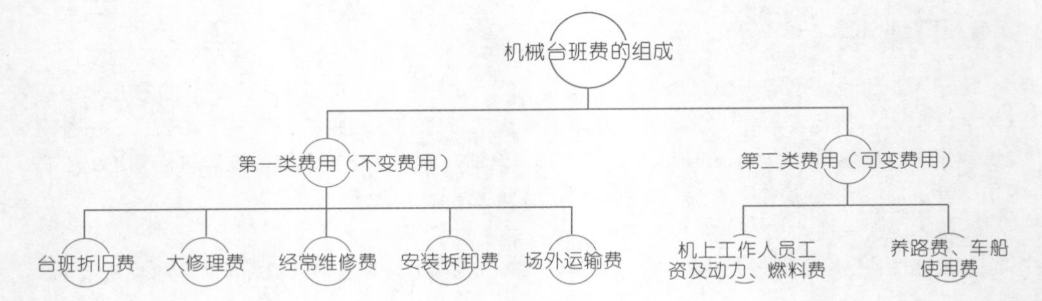

6 单位估价表的编制

（1）单位估价表的概念、作用及种类

单位估价表的概念

单位估价表，是以货币形式确定定额计量单位某分部分项工程或结构构件直接工程费的计算表格文件。它是根据预算定额所确定的人工、材料、机械台班消耗数量乘以所在地区的人工工日单价、材料预算价格、机械台班预算价格汇总而成。

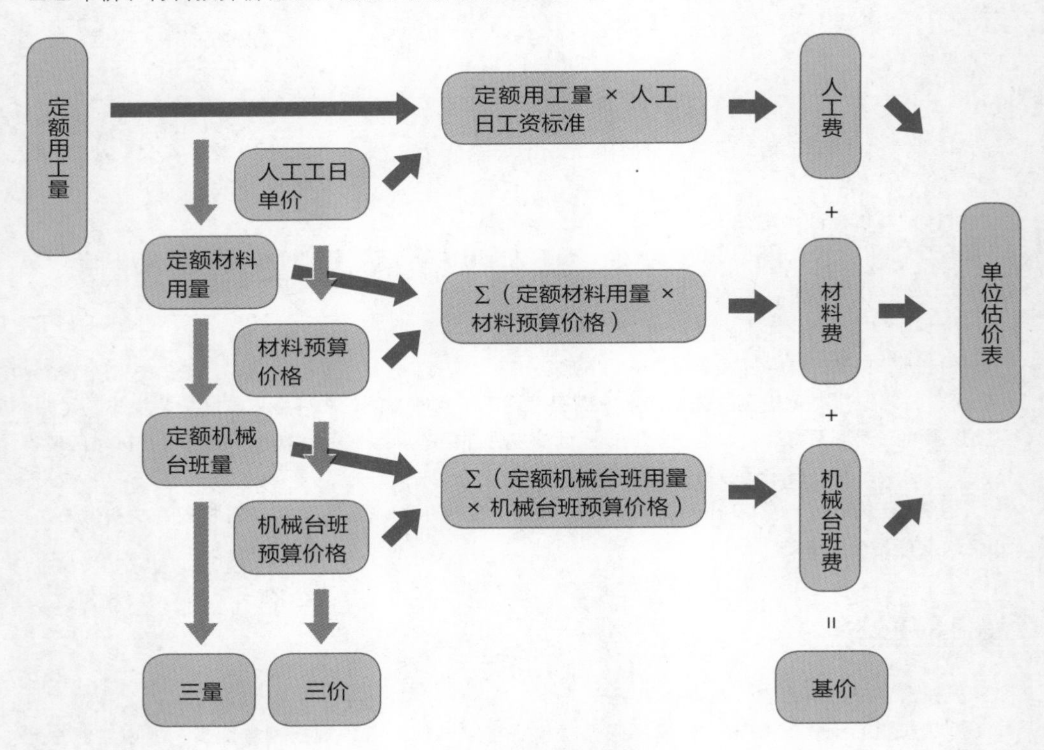

↑单位估价表的组成

知识扩展

单位估价表与预算定额的区别和联系

区别：预算定额是人工、材料、机械台班消耗量的标准（三量）；单位估价表是人工、材料、机械台班费用的标准（三价）。

联系：预算定额是编制单位估价表的基础。

单位估价表的作用

单位估价表的具体作用如下。

01 确定工程预算造价的主要依据

按照设计施工图纸计算出分项工程量后，分别乘以相应单位估价，即可得出分项直接费，汇总各分部分项直接费，再按照规定记取各项费用，即可得出工程全部预算造价。

02 对设计方案进行技术分析的基础

每个分项工程，如墙面、顶面、地面装饰等，同部位选择什么样的设计方案，除了需要考虑生产、功能、坚固、美观等条件外，还要考虑经济条件。这就需要采用单位估价表进行衡量、比较，同等条件下选择更经济的方案。

03 企业进行工程经济核算的依据

装饰施工企业为了考核成本执行情况，必须按照单位估价表中规定的单价进行比较。例如，某工程地面需要铺贴花岗岩，单位估价表中花岗岩的预算单价为590元／m²，其中人工费为19元／m²，材料费为472元／m²，以上为预算价格，而实际耗用的工料费为实际价格，对两者进行比较，即可算出降低成本的数值并找出原因。

04 进行已竣工工程结算的依据之一

建设单位和装饰施工单位按照单位估价表核对已完工程的单价是否正确，以便进行分部分项工程结算。

单位估价表的种类

单位估价表基本可分为两大类：第一类是地区单位估价表，是按照地区编制的分部分项工程各种构配件的单位估价；第二类是通用单位估价表，适用于各地区各部门的建筑及设备安装工程的单位估价。

同时，因为单位估价表是在预算定额的基础上进行编制的，所以，还可按定额性质、使用范围及编制依据的不同进行分类。

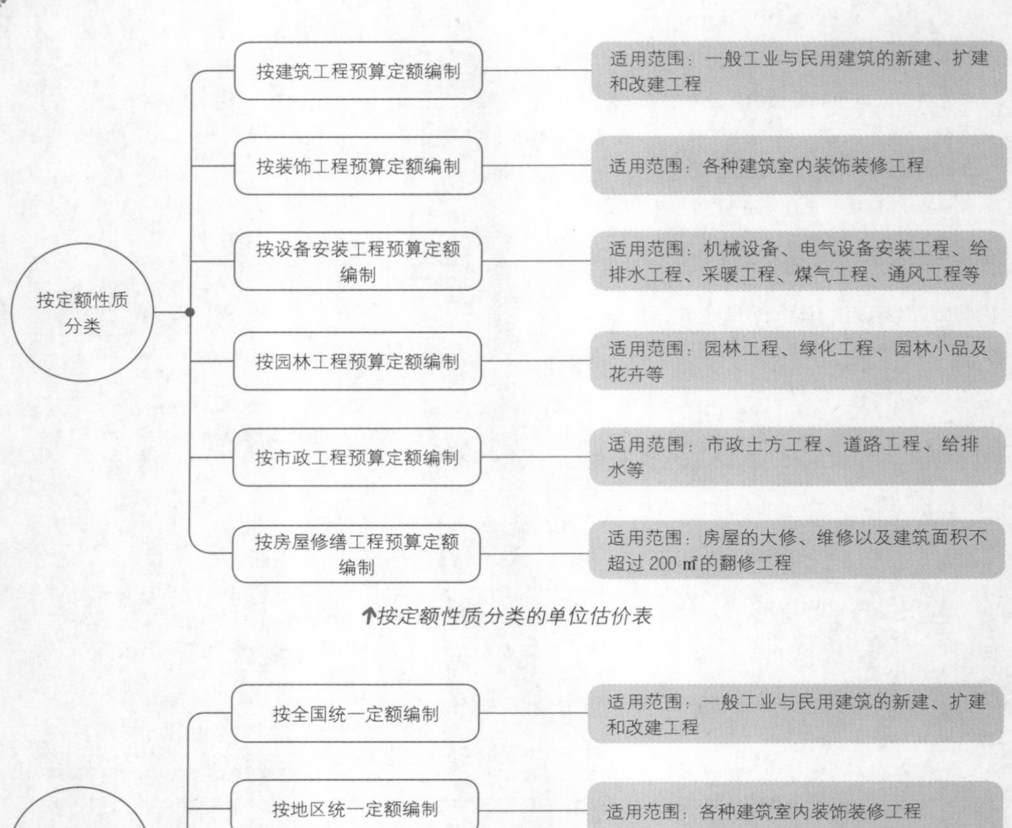

↑按定额性质分类的单位估价表

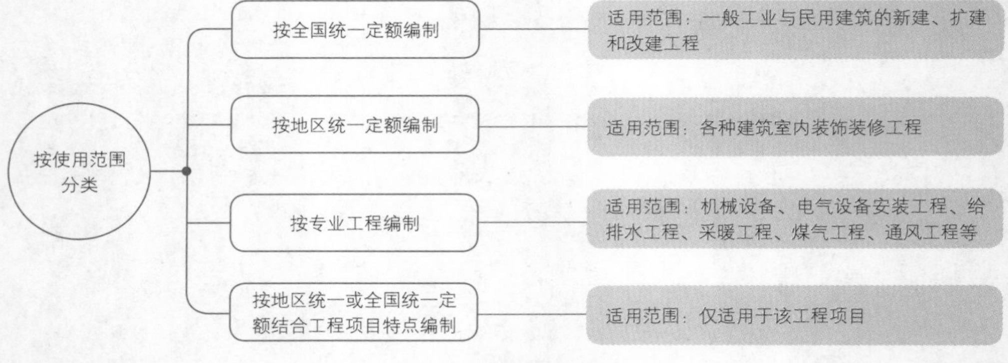

↑按使用范围分类的单位估价表

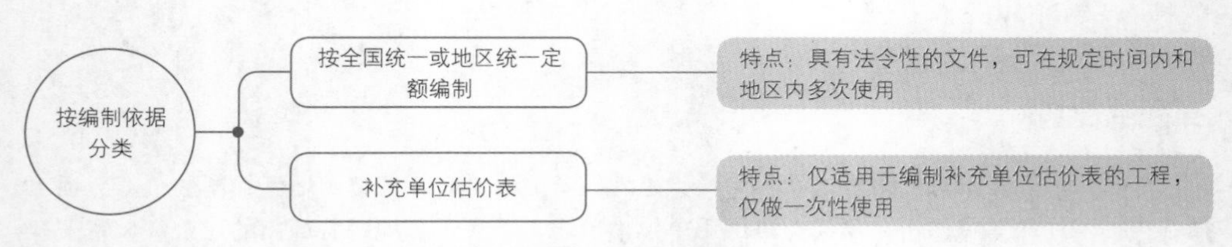

↑按编制依据分类的单位估价表

（2）单位估价表的编制依据

①现行国家统一基础定额、地区建筑装饰工程预算定额及相关资料。

②地区现行工人工资标准。

③地区装饰材料预算价格。

④地区机械台班费用定额。

⑤国家和地区对编制单位估价表的有关规定等资料。

（3）单位估价表的编制方法

单位估价表的编制就是将人工、材料、机械台班的消耗量和人工、材料、机械台班的预算价格相结合，形成若干分项工程或装饰构件、装饰配件的单价。

分项工程预算单价（定额基价）= 人工费 + 材料费 + 机械台班费

人工费 = 分项工程定额用工量 × 人工日工资标准

材料费 = Σ（分项工程定额材料用量 × 材料预算价格）

机械台班费 = Σ（分项工程定额机械台班用量 × 机械台班预算价格）

（4）单位估价表的编制步骤

单位估价表的编制共计五个步骤。

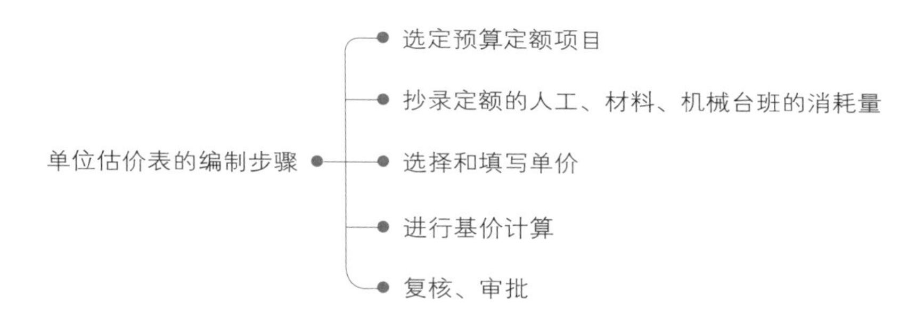

（5）补充单位估价表的编制

凡国家、省（自治区、直辖市）颁发的统一定额和专业主管部门主编的专业性定额中缺少的项目，都可编制补充单位估价表。补充单位估价表的编制原则、使用范围及编制方法等均与预算定额编制相同。

思考与巩固

1. 什么是室内装饰工程预算定额？
2. 室内装饰工程预算定额有哪些分类方式？每一种分类中又具体包含哪些种类？
3. 室内装饰工程预算定额有什么作用？
4. 预算定额手册由哪些部分组成？每部分都分别包含哪些内容？
5. 什么是单位估价表？其作用是什么？

二、室内装饰工程费用的构成

学习目标	本小节重点讲解室内装饰工程费用的构成。
学习重点	了解室内装饰产品价格的特点，室内装饰工程计价理论、费用的构成、费用的内容及费用的调整。

1 室内装饰产品价格的特点

（1）室内装饰特点决定装饰价格

室内装饰产品各式各样，规格千变万化，而工业产品多数是标准化的。同时，室内装饰产品的生产没有固定地区，随着装饰工程所在地的变化而变换工地；工业产品的生产是在固定的生产地点（工厂）进行不断重复的连续生产过程，工业产品生产条件很少发生显著变化，而室内装饰工程却因装饰时间不同、地点不同、施工条件不同、施工工艺不同、装饰构造不同等，在工程预算造价上有很大的差异。

例如，装饰两个结构和面积相同的房屋，但一个在冬季施工，一个在夏季施工，两者的预算造价不相同；一个在交通方便的地方施工，一个在偏僻的地方施工，它们的工程投资费用也不相同。即使在同一季节、同一地方的装饰工程，由于装饰设计方案不同，装饰产品的价格也是不同的。即使是采用同一标准设计的装饰物，也会由于材料来源不同、运输工具和运输距离不同、施工季节不同，以及施工机械化程度不同等诸原因造成所需的装饰工程费用有很大的差别。正是这些因素决定了装饰工程（装饰产品）的报价必须采用适用于装饰工程特点的特殊方法，即按照实际情况编制施工图预算的方法。

（2）室内装饰工程的各项构成费用影响装饰价格

室内装饰产品的价格由直接费、间接费、利润和税金等组成。从室内装饰工程造价编制的过程看，直接费的材料预算价格与实际价格可以调整，人工费按地区预算标准（工资标准不变）计算，其他直接费按规定的费率可变；间接费根据工程的规模、施工单位的资质等级、工程地点及产生条件计算；计划利润不变。而装饰工程造价是由直接费、间接费和计划利润构成的，所以工程造价的可变性是必然的。因此，室内装饰工程价格也就受到影响。

2 室内装饰工程计价理论

（1）室内装饰工程造价的含义

室内装饰工程造价是指室内装饰建设项目在装饰装修过程中施工企业产生的生产和经营管理费用的总和。

对装饰工程造价的理解，有广义和狭义两种：工程造价广义上是指室内装饰工程项目从立项决策到竣工验收交付使用所需的全部投入费用，也就是建设投资；狭义上是指在室内装修过程中施工企业产生的生产和经营管理的费用总和。前一种理解是对投资者即建设单位而言，后一种理解是对室内装饰工程项目的建造者，即对施工单位而言。通常所说的工程造价是指狭义的解释，例如，装修某一栋大楼预算造价多少，是说装修这栋大楼所需的花费。

通常把装饰工程价格做一个狭义的理解，即认为装饰工程价格指的是工程承发包的价格，工程承发包价格是在装饰市场通过招标，由招标人和投标人共同认可的价格。

（2）工程造价理论构成

室内装饰工程造价由三个部分构成

室内装饰工程造价的理论构成可表示为：室内装饰工程理论费用 = $C + V + M$。

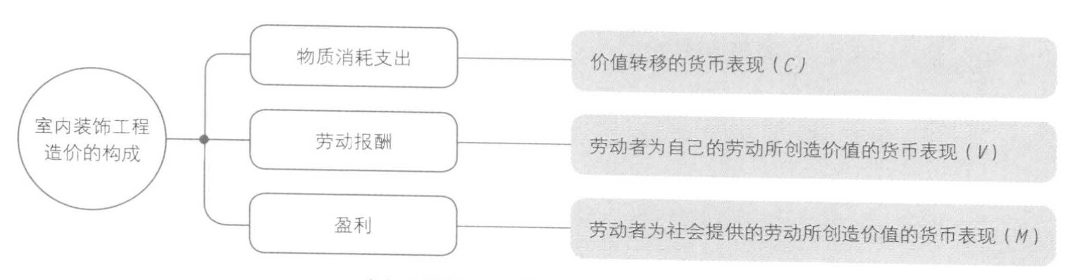

↑室内装饰工程造价的三个构成部分

工程造价与一般工业产品的价格相比具有特殊性

①价格中不含流通性费用：室内装饰工程在竣工后，一般不在空间上发生物理运动，可直接移交用户立即进入生产和生活消费，因而价格中不包括一般商品具有的生产性流通费用，如商品包装费、运输费、保管费等。

②价格中含有土地费用：室内装饰建设工程项目固定在一个地方，和土地连成一片，因而价格中一般应包括土地价格或使用费。

③价格总包含人员调迁费或成品建造转移费：由于施工人员和施工季节要围绕建设工程流动，因而有的工程价格中还包括施工企业远离基地的调迁费用或成品建造的转移所产生的费用。

④价格中的劳动报酬和盈利属于总体劳动者：室内装饰建设工程的生产者中包括勘察设计单位、室内装饰企业，因而工程造价中包含的劳动报酬和盈利均是总体劳动者的劳动报酬及盈利。

（3）我国现行工程造价的组成内容

在我国，室内装饰工程项目从筹建到竣工验收、交付使用整个过程的投入费用称为工程造价，也称为基本建设费用，它所包括的内容表示为：室内装饰工程造价 = 直接费 + 间接费 + 利润 + 税收，或室内装饰工程造价 = 分部分项工程量清单费用 + 措施项目清单费用 + 其他措施项目清单费用 + 规费 + 税收。

3 室内装饰工程费用的构成

在室内装饰工程施工中，需要投入大量的人力、材料、机械等，消耗大量资金。因此，在室内装饰工程中，既包含各种人力、材料、机械使用的价值，又包含工人在施工中新创造的价值，这些价值都应该在室内装饰工程的费用中体现出来。

装饰工程计价方式有定额计价和清单计价两种模式，前者较为传统，后者与之相比在计算方法、费用构成上都发生了很大变化。室内装饰工程预算费用主要是指施工图预算费用，采用定额计价方法时，室内装饰工程费用主要由工程直接费、工程其他直接费、间接费、计划利润和税金等组成；当采用清单计价方法时，室内装饰工程费用又包括分部分项工程清单费用、措施项目清单费用、其他项目清单费用、规费清单费用和税金等。两者具体的费用构成如下表所示。

定额计价模式的室内装饰工程费用构成

项次	费用名称	费用项目内容		参考计算公式
（一）	直接费	直接工程费	1. 人工费 2. 材料费 3. 施工机械使用费	Σ（工日消耗量 × 日工资标准） Σ（材料消耗量 × 材料基价）+ 检验试验费 Σ（施工机械台班消耗量 × 机械台班单价）
			4. 现场管理费	
		施工组织措施费	1. 环境保护费 2. 文明施工费 3. 安全施工费 4. 远征费 5. 缩短工期措施费	直接工程费 × 相应费率（%）
			6. 临时设施费	（周转使用临建费 + 一次性使用临建费）×[1+ 其他临时设施所占比例（%）]
			7. 二次搬运费 8. 脚手架搭拆费 9. 已完工程及设备保护费	直接工程费 × 二次搬运费费率（%） 脚手架摊销量 × 脚手架价格 + 脚手架搭、拆、运费 成品保护所需机械费 + 材料费 + 机械费
			10. 总承包服务费	

续表

<table>
<tr><th>项次</th><th>费用名称</th><th colspan="2">费用项目内容</th><th>参考计算公式</th></tr>
<tr><td rowspan="3">（二）</td><td rowspan="3">间接费</td><td>企业管理费</td><td>1. 管理人员工资
2. 办公费
3. 差旅交通费
4. 固定资产使用费
5. 工具用具使用费
6. 工会经费
7. 职工教育经费
8. 工程定额编制管理、定额测定费
9. 税金
10. 其他</td><td>按取费基数不同分为以下三种
（1）直接费 ×（规费费率 + 企业管理费费率）
（2）（人工费 + 机械费）×（规费费率 + 企业管理费费率）
（3）人工费 ×（规费费率 + 企业管理费费率）</td></tr>
<tr><td colspan="2">财务费</td><td></td></tr>
<tr><td>其他费用</td><td>1. 工程定额测定费
2. 安全生产监督费
3. 劳动保险费
4. 室内装饰项目管理费</td><td></td></tr>
<tr><td>（三）</td><td>利润</td><td colspan="2"></td><td>按取费基数不同分为以下三种
（1）（直接工程费 + 措施费 + 间接费）× 相应利润率
（2）（直接工程费中人工费和机械费 + 措施费中人工费和机械费）× 相应利润率
（3）（直接工程费中人工费 + 措施费中人工费）× 相应利润率</td></tr>
<tr><td>（四）</td><td>税金</td><td colspan="2">1. 营业税
2. 城市维护建设税
3. 教育费附加</td><td>（税前造价 + 利润）× 税率（%）</td></tr>
<tr><td colspan="2">总造价</td><td colspan="2">直接费、间接费、利润、税金</td><td>（一）+（二）+（三）+（四）</td></tr>
</table>

清单计价模式的室内装饰工程费用构成

项次	费用名称	费用项目内容		参考计算公式
（一）	分部分项工程费	1. 人工费 2. 材料费 3. 施工机械使用费		Σ（工日消耗量 × 日工资标准） Σ（材料消耗量 × 材料基价）+ 检验试验费 Σ（施工机械台班消耗量 × 机械台班单价）
		4. 现场管理费		
		5. 企业管理费	（1）管理人员工资 （2）办公费 （3）差旅交通费 （4）财务费 （5）固定资产使用费 （6）工具用具使用费 （7）工会经费 （8）职工教育经费 （9）特业保险费 （10）工程定额编制管理、定额测定费 （11）税金 （12）其他	按取费基数不同分为以下三种 ①直接费 ×（规费费率 + 企业管理费费率） ②（人工费 + 机械费）×（规费费率 + 企业管理费费率） ③人工费 ×（规费费率 + 企业管理费费率）
		6. 利润		按取费基数不同分为以下三种 （1）（直接工程费 + 措施费 + 间接费）× 相应利润率 （2）（直接工程费中人工费和机械费 + 措施费中人工费和机械费）× 相应利润率 （3）（直接工程费中人工费 + 措施费中人工费）× 相应利润率
（二）	措施项目费	通用项目措施	1. 安全文明施工费（含环境保护费、文明施工费、安全施工费、临时设施费） 2. 夜间施工费 3. 冬季和雨季施工费 4. 二次搬运费	直接工程费 × 相应费率（%）

续表

项次	费用名称	费用项目内容		参考计算公式
（二）	措施项目费	通用项目措施	5. 地上、地下设施，建筑物的临时保护设施费 6. 已完工程及设备保护费	人工费＋材料费＋机械费
		专业工程措施项目	7. 脚手架费 8. 垂直运输机械费 9. 室内空气污染测定费 10. 其他费用	脚手架摊销量 × 脚手架价格＋脚手架搭、拆、运费
（三）	其他项目费	1. 暂列金额 2. 暂估价：包括材料暂估单价、工程设备暂估单价、专业工程暂估价 3. 计日工 4. 总承包服务费		
（四）	规费	1. 工程排污费 2. 社会保障费：包括养老保险费、失业保险费、医疗保险费 3. 住房公积金 4. 工伤保险		
（五）	税金	1. 营业税 2. 城市维护建设税 3. 教育费附加		（税前造价＋利润）× 税率（%）
总造价		分部分项工程费、措施项目费、其他项目费、规费和税金		（一）＋（二）＋（三）＋（四）＋（五）

4 室内装饰工程费用的内容

（1）分部分项工程费

分部分项工程费是指完成工程计价表中列出的各分部分项工程量所需的费用，包括以下内容。

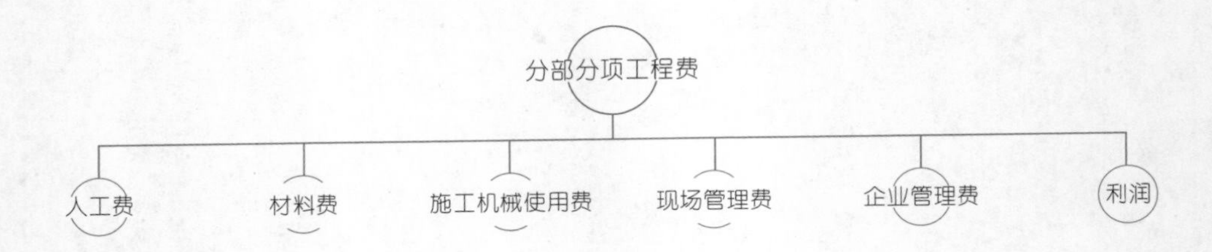

人工费

人工费是指从事室内装饰工程施工的工人（包括现场运输等辅助工人）和附属生产工人的基本工资、附加工资、工资性津贴、辅助工资和劳动保护费。但是，人工费不包括材料保管、采购、运输人员、机械操作人员、施工管理人员的工资，这些人员的工资分别计入其他有关的费用中。人工费的计算公式可表示为

人工费 = Σ（工程量 × 预算定额基价人工费）

材料费

材料费是指完成室内装饰工程所消耗的材料、零件、成品和半成品的费用，以及周转性材料的摊销费累加总和。材料费的计算可表示为

材料费 = Σ（工程量 × 预算定额基价材料费）

施工机械使用费

施工机械使用费是指室内装饰工程施工中所使用各种机械费用的总和，它不包括施工管理和实行独立核算的加工厂所需的各种机械的费用。施工机械使用费的计算可表示为

施工机械使用费 = Σ（工程量 × 预算定额基价机械费）

现场管理费

现场管理费是指施工企业为完成室内装饰工程施工，花费在室内装饰施工项目现场的各项费用等，包括以下内容。

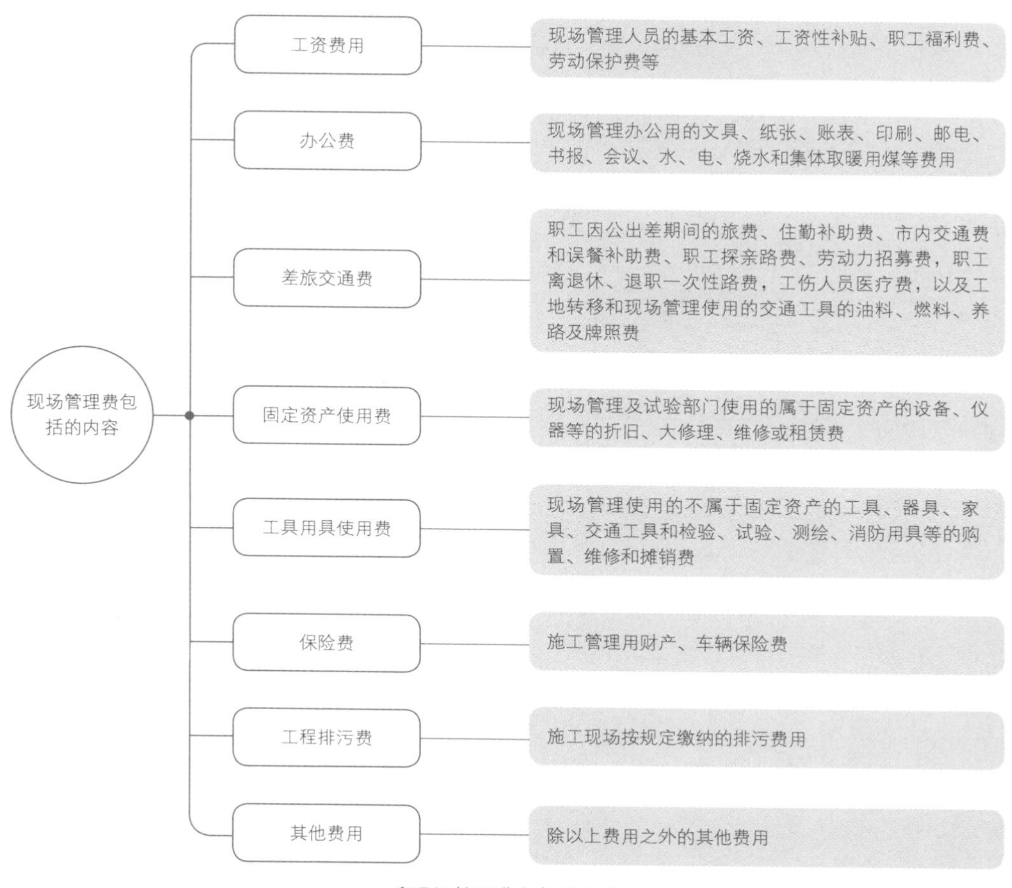

↑现场管理费包括的内容

企业管理费

企业管理费是指装饰施工企业为组织施工所产生的费用，包括以下内容。

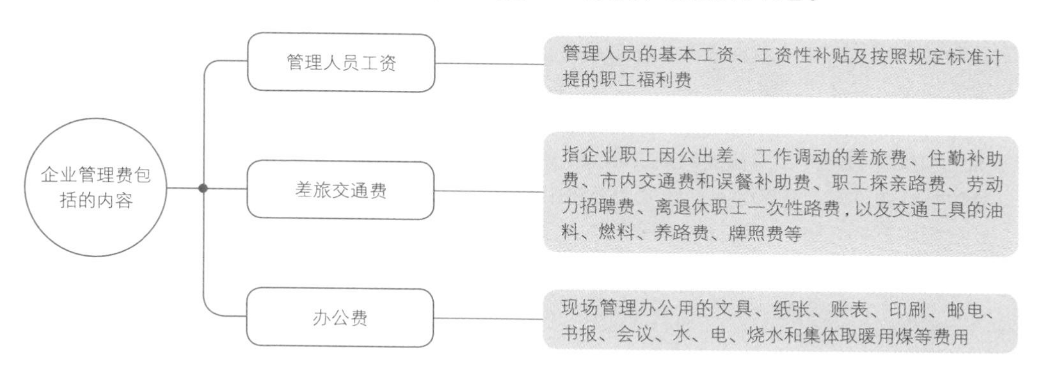

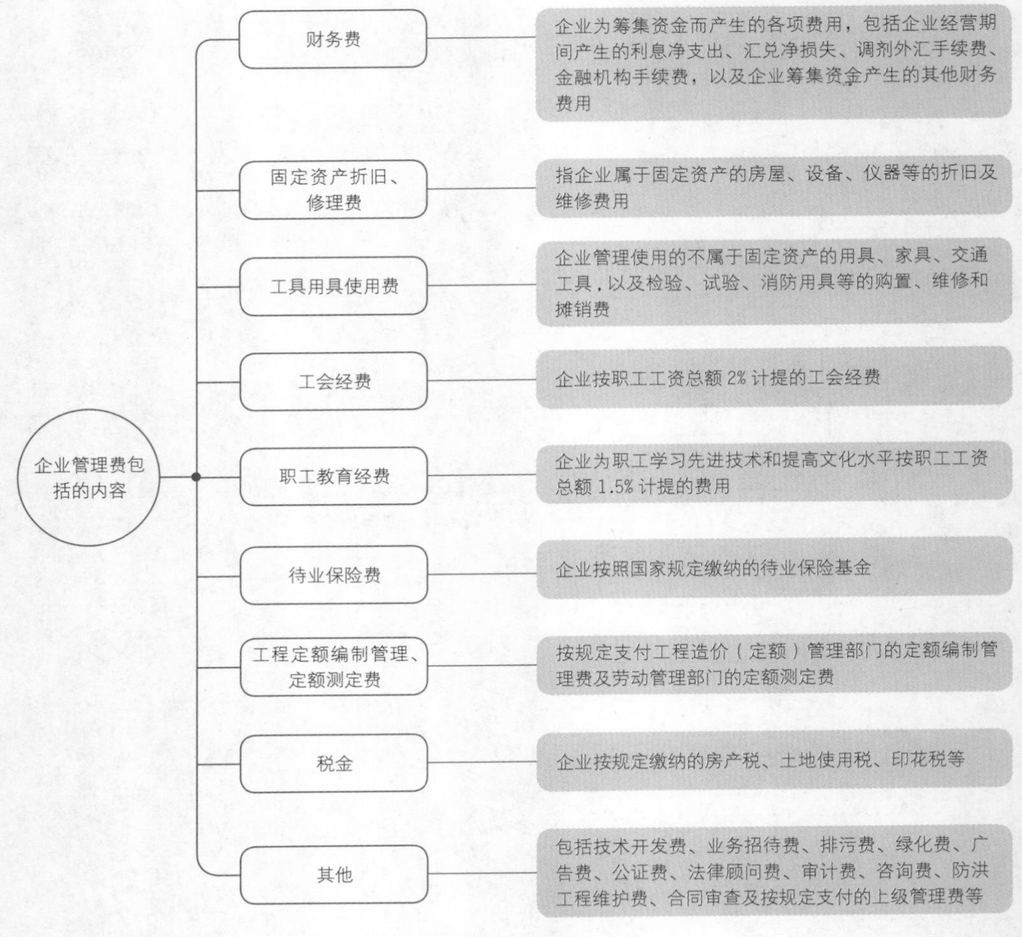

↑企业管理费包括的内容

利润

利润是指施工单位劳动者和集体劳动者所创造的价值，施工企业为完成所承包工程而合理收取的酬金，以及按国家规定应计入装饰工程造价的利润。

利润是施工企业承包建设工程应计取的酬金，是工程价格的组成部分。依据工程的投资来源或工程类别的不同，实施的利润率不同。利润中包括所得税，商品的利润大小反映了企业劳动者对社会的贡献，同时也对企业的发展和职工福利有着重大的影响。

按规定利润可计入工程造价，不分工程类别，而以人工费、材料费、机械台班费、综合费之和的一定比例（%）计算。

（2）室内装饰工程措施项目费

室内装饰工程措施项目费指的是工程措施项目金额的总和，包括以下内容。

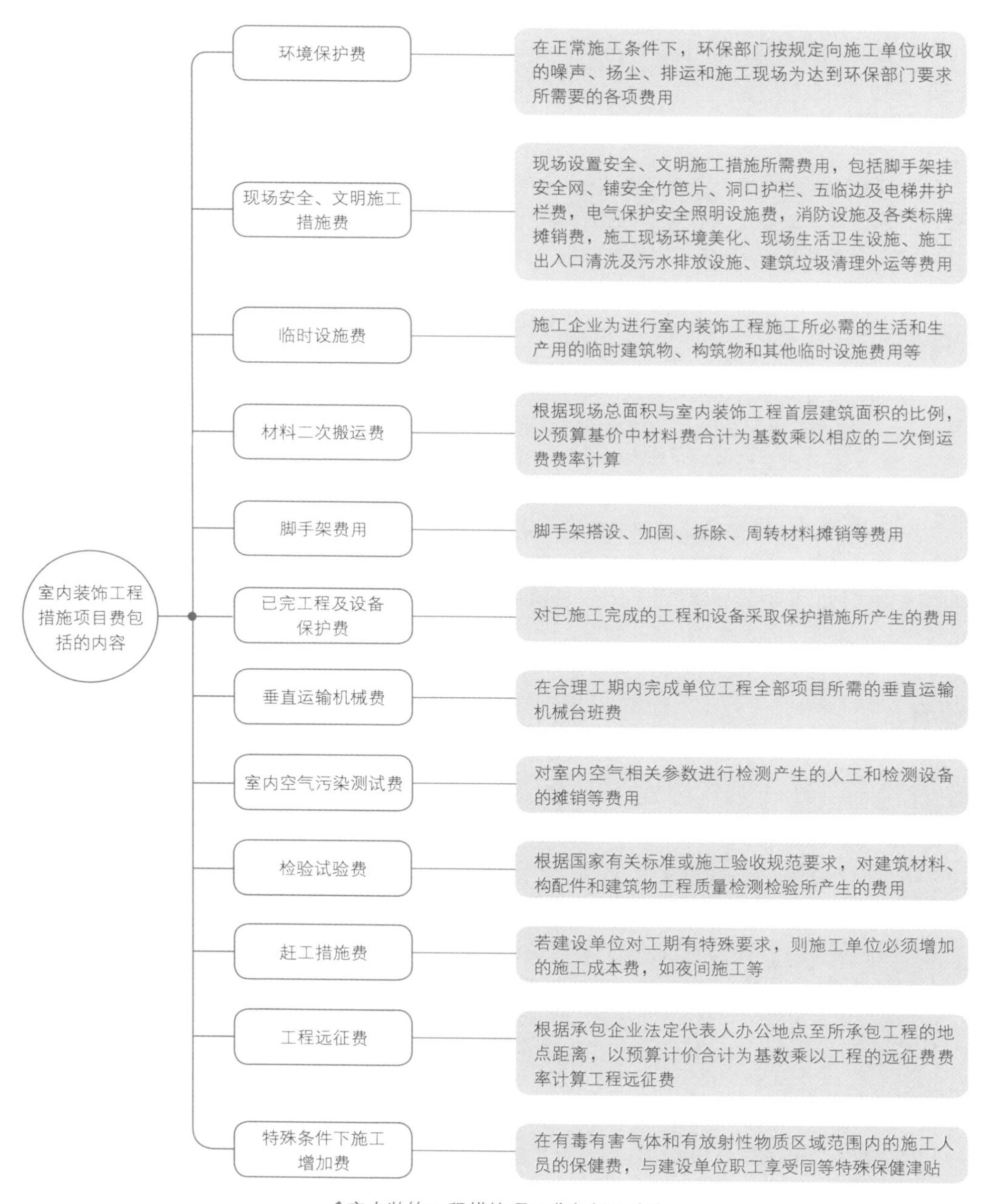

↑室内装饰工程措施项目费包括的内容

（3）其他项目费

其他项目费是指暂列金额、暂估价、计日工和总承包服务费的总和，应包括人工费、材料费、机械使用费、管理费及风险费。其他项目清单由招标人部分和投标人两部分内容组成，以上没有列出的根据工程实际情况补充。

暂列金额

暂列金额是指招标人在工程量清单中暂定并包括在合同价款中的一笔款项。用于施工合同签订时尚未确定或者不可预见的所需材料、设备、服务的采购，施工中可能发生的工程变更、合同约定调整因素出现时的工程价款调整，以及发生的索赔、现场签证确认等的费用。

暂估价

暂估价是指招标人在工程量清单中提供的用于支付必然发生但暂时不能确定价格的材料的单价及专业工程的金额，暂估价包括材料暂估单价、工程设备暂估单价、专业工程暂估价。

发包人在招标工程量清单中给定暂估价的材料、工程设备属于依法必须招标的，由发承包双方以招标的方式选择供应商。中标价格与招标工程量清单中所列的暂估价的差额，以及相应的规费、税金等费用，应列入合同价格。

发包人在招标工程量清单中给定暂估价的材料和工程设备不属于依法必须招标的，由承包人按照合同约定采购。经发包人确认的材料和工程设备价格与招标工程量清单中所列的暂估价的差额，以及相应的规费、税金等费用，应列入合同价格。

计日工

在施工过程中，完成发包人提出的施工图样以外的零星项目或工作，按合同中约定的综合单价计价。采用计日工计价的任何一项变更工作，承包人应在该项变更的实施过程中，每天提交以下报表和有关凭证呈送发包人复核。

①工作名称、内容和数量。

②投入该工作所有人员的姓名、工种、级别和耗用工时。

③投入该工作的材料名称、类别和数量。

④投入该工作的施工设备型号、台数和耗用台时。

⑤发包人要求提交的其他资料和凭证。

总承包服务费

总承包人为配合、协调发包人进行的工程分包自行采购的设备、材料等进行管理、服务及施工现场管理、竣工资料汇总整理等服务所需的费用。发包人应在工程开工后的 28 天内向承包人预付总承包服务费的 20%，分包进场后，其余部分与进度款同期支付。发包人未按合同约定向承包人支付总承包服务费，承包人可不履行总包服务义务，由此造成的损失（如有）由发包人承担。

（4）规费

规费是指按规定必须计入工程造价的行政事业性收费。按照国家或省、市、自治区人民政府规定，必须缴纳并允许计入工程造价的各项税费之和，包括工程排污费和社会保障险。其计算公式为：规费 = 计算基数（直接工程费、人工费或人工费与机械费之和）× 规费费率（%）。

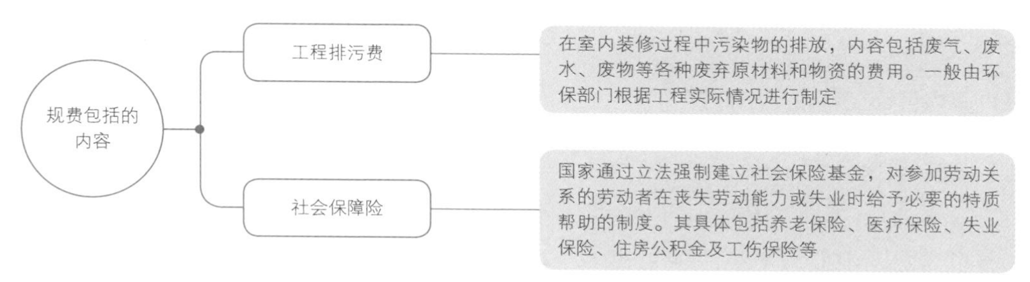

↑规费包括的内容

（5）税金

税金是指按国家税法规定应计入工程造价内的营业税、城市维护建设税、教育附加费及社会事业发展费。按工程所在地区的税率标准进行计算，工程在市区的，按不含税工程造价的3.445%计算；工程在县城、镇的，按不含税工程造价的3.381%计算；工程在其他地区的，按不含税工程造价的3.252%计算。其具体包括营业税、城市维护建设税及教育费附加。

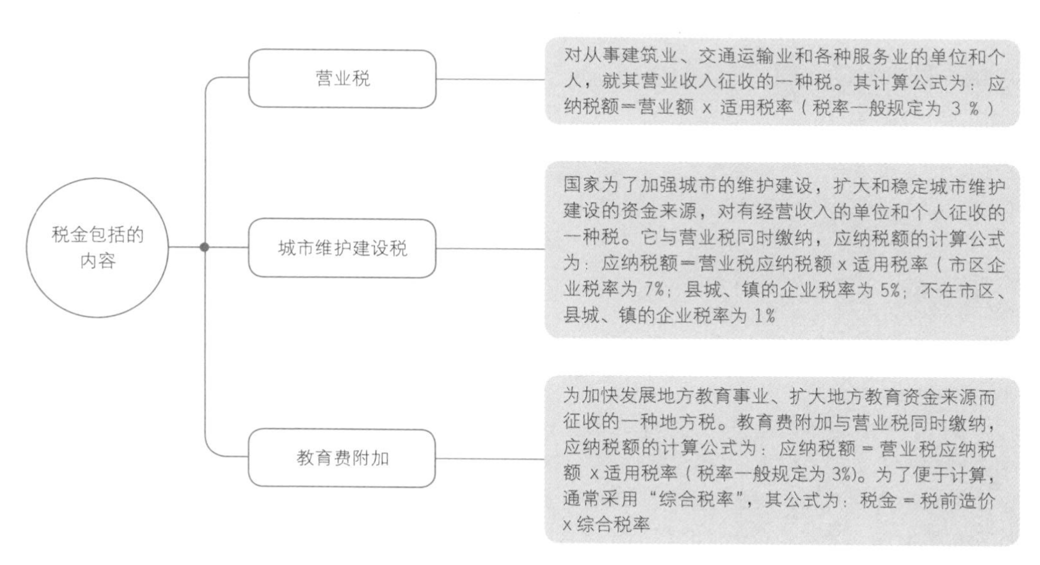

↑税金包括的内容

知识扩展

税金在最后计算

在室内装饰工程造价计算程序中，税金计算在最后进行。将税金计算之前的所有费用之和称为不含税工程造价，不含税工程造价加税金称为含税工程造价。投标人在投标报价时，税金的计算一般按国家及有关部门规定的计算公式及税率标准计算。

5 室内装饰工程费用的调整

（1）价差调整

由于人工、材料、施工机械台班价格在不断地变化，计价表采用的预算价格往往会滞后于实际价格，以致产生预算编制期的价格与计价表编制期的价格之间的价差。因此，编制预算造价时需要按规定对其进行调整，即这种按计价表计算出来的分部分项工程费，还需要加上人工、材料和机械台班费的调差后，才能算是完整的预算分部分项工程费，计算公式为

$$预算分部分项工程费用=\sum 工程量\times 综合单价+人工费调差+机械台班费调差+材料费调差$$

人工费调差

人工费调差计算公式为

$$人工费调差=计价表人工消耗量\times（现行人工单价-计价表人工单价）$$

机械台班费调差

从施工机械台班单价的费用构成来看，只要人工工资单价和有关燃料、动力等预算价格发生变化，施工机械台班费也会随之改变，就需要进行调整。一般建筑与装饰工程常采用在计价表机械台班费的基础上以“系数法”调整。此法类似于材料费调差计算中的系数法，可参照计算。

材料费调差

材料费调差是指建筑与装饰工程材料的实际价格与计价表取定价格之间的差额，即材料价差，简称为“材差”。

材差产生的原因是由于作为计算工程造价依据的计价表综合单价，是采用某一年份、某一中心城市的人工工资标准、材料和机械台班预算价格进行编制的。计价表有一定年限的使用期，在该使用期内综合单价维持不变动。但是，在市场经济条件下，建筑材料的价格会随市场行情的变化而发生上下波动，这就必然导致材料的实际购置价格与计价表综合单价中确定的材料价格之间产生差额，因而就出现了“材差”。

材差的计算和确定，对于建设单位在控制工程造价、确定招标工程标底，施工单位在工程投标报价、进行经济分析，以及双方签订施工合同、明确施工期间的材料价格变动的结算办法等方面，都具有极其重要的意义。

（2）材料价差计算

建筑材料分类

为适应材差计算的需要，建筑与装饰工程中常将建筑材料划分为三大类。

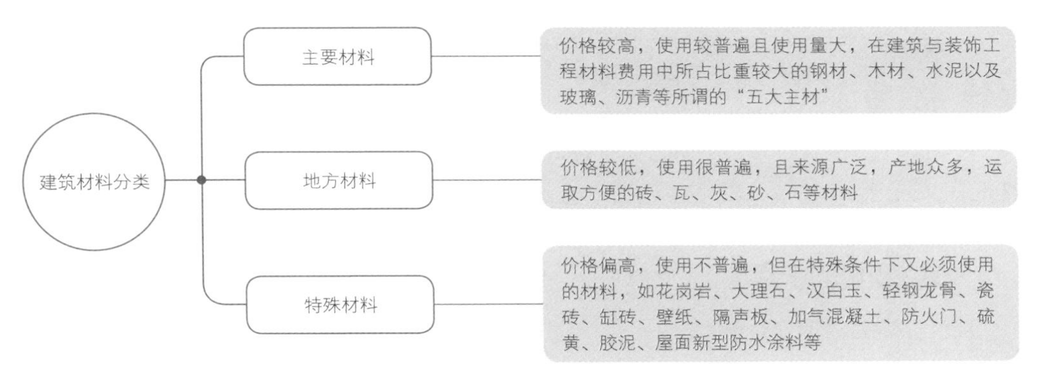

↑建筑材料分类

材料价差计算方法

①单项调差法：指将单位工程中的各种材料，逐个进行调整其价格的差异。对于主要材料和特殊材料，一般采用此种方法来计算材料价差。计算公式为

材料价差＝（材料调整时的预算指导价或实际价－计价表材料单价）×计价表材料消耗用量

②材差系数法：指规定单位工程中的某些材料作为调整的范围，并按其材料价差占分部分项工程费（或计价表材料费）的比例所确定的系数，来调整材料价差。对于建筑与装饰工程中的次要材料和安装工程中的辅助材料，均可采用此种方法来计算材料价差。计算公式为

材料价差＝分部分项工程费（或计价表材料费）× 调价系数

思考与巩固

1. 室内装饰产品价格具有哪些特点?
2. 什么是室内装饰工程造价?
3. 工程造价与一般工业产品价格相比具有哪些特殊性?
4. 我国现行工程造价的组成内容是什么?
5. 定额计价模式的室内装饰工程费用由哪些部分构成?
6. 工程量清单计价模式的室内装饰工程费用由哪些部分构成?
7. 分部分项工程费包含了哪些内容?
8. 室内装饰工程措施项目费包含了哪些内容?
9. 为什么要进行价差调整?

三、室内装饰工程造价取费费率

学习目标	本小节重点讲解室内装饰工程造价的取费费率。
学习重点	了解室内装饰工程施工组织措施费取费费率及室内装饰工程造价取费费率。

1 室内装饰工程施工组织措施费取费费率

（1）材料二次搬运费

材料二次搬运费取费费率见下表。

序号	施工现场总面积与装饰工程首层建筑面积之比	费率 /%
1	＞4.5	0
2	3.5～4.5	1.3
3	2.5～3.5（不含）	2.2
4	1.5～2.5（不含）	3.1
5	＜1.5	4

（2）工程远征费

工程远征费取费费率见下表。

序号	法人办公地点至工地距离 /km	费率 /%
1	25（不含）~45	2.4
2	45（不含）~75	2.9
3	＞75	3.4

注：外地企业及包工不包料工程不计算本项费用。

（3）缩短工期措施费

缩短工期措施费包括夜间施工费及增加的场外运费两项内容。

夜间施工费取费费率		
序号	合同工期 / 定额工期	费率 /%
1	0.9 ~ 1.0	1.5
2	0.8 ~ 0.9（不含）	4.5
3	0.7 ~ 0.8（不含）	7.5
增加的场外运费取费费率		
序号	合同工期 / 定额工期	费率 /%
1	0.9 ~ 1.0	0.06
2	0.8 ~ 0.9（不含）	0.18
3	0.7 ~ 0.8（不含）	0.30

2 不同地区的室内装饰工程造价取费费率

（1）装饰工程造价取费费率参考

根据全国各省（自治区、直辖市）建筑装饰工程取费（包括间接费、利润和税金）费率水平，依据定额和市场价格，装饰工程取费费率可参考下表。

序号	费用项目	费率（直接费为基数）/%	费率（人工费为基数）/%	备注
1	直接费 其中：人工费 材料费 机械费	100 20 ~ 26 60 ~ 70 2 ~ 4	100	（1）有关贷款利息支付、保险及措施费等按文件规定办理
2	其他直接费	2 ~ 3	8 ~ 12	
3	工程直接费	100		

续表

序号	费用项目	费率（直接费为基数）/%	费率（人工费为基数）/%	备注
4	现场管理费	3.00～5.00	28.00～48.00	（2）按人工费为基数计算费率，不包括税金 （3）总承包服务费一般按专业承包合同价款的1%～4%计取。在列取费用中不包括总包服务费
5	企业管理费	2.50～4.00	20.00～35.00	
6	临时设施费	0.80～1.60	7.00～12.00	
7	劳保支出	1.60～2.60	16.00～25.00	
8	利润	3.00～6.00	22.00～44.00	
9	利息支出（财务费）	5.00～8.00	0.50～0.80	
10	其他费	0.40～0.80	5.00～8.00	
11	税金	3.00～4.00	（3.00～4.00）× 直接费	
12	费率总计	14.40～24.20	98.50 ～172.80（未包含税金）	

此费率仅供编制概算、预算、标底、投标报价参考，具体费率多少，要根据装饰施工单位资质等级、所在地区和国家及地方政府规定，由甲乙双方协商确定。

一般装饰工程直接费取费费率为 14.40% ～24.2%（不包括总服务费和工程保险费）；人工费取费费率为 98.50% ～172.80%（不包括税金和总包服务费及工程保险费）。

（2）北京市装饰工程取费费率

北京市装饰工程取费费率如下表所示。

序号	项目		装饰工程取费费率	
1	直接费 其中：人工费 材料费 机械费		直接费 其中：人工费 材料费 机械费	
2	现场管理费	临时设施费	四环路以内，17%	四环路以外，15%
		现场经费	26%	

续表

序号	项目		装饰工程取费费率
3	企业管理费		44.6%
4	其他费用	利润	（直接费＋企业管理费）×7%
5		税金	（直接费＋企业管理费＋利润）×3.4%
6	分包工程管理费		按直接费
7			按人工费

①计算规则：临时设施费、现场经费、企业管理费均以直接费中的人工费为基数计算；利润以直接费与企业管理费之和为基数进行计算；税金以直接费、企业管理费与利润三者之和为基数进行计算。

②分包工程管理费：分包工程管理费是指施工总承包单位将承包装饰工程中的部分工程自行分包给专业施工单位或劳务施工单位，以及专业施工单位自行将所承包工程的一部分分包给劳务施工单位时，应付给分包单位的工程管理费；分包工程管理费按工程分包形式分为包工包料和包工不包料两种标准；分包工程管理费中包括了分包单位的现场经费和企业管理费；分包单位的临时设施费，由总包单位负责。

（3）河北省装饰工程取费费率

河北省装饰工程取费费率如下表所示。

序号	费用项目		计算基数	费率/%
1	工程直接、措施性成本		直接措施性成本中人工费	
2	现场管理费			14
3	企业管理费			22
4	财务费			4
5	社会劳保	职工养老事业保险费		10
6		职工基本医疗保险费		3
7	利润		直接措施性成本中人工费	20

续表

序号	费用项目	计算基数	费率 /%
8	费率小计：2+3+4+5+6+7	直接措施性成本中人工费	73
9	造价调整	按合同确认的方式、方法计算	
10	规费	（1+8+9）×0.22%	
11	税金	（1+8+9+10）×（3.43% 或 3.36% 或 3.24%）	

（4）上海市装饰工程取费费率

上海市装饰工程取费费率如下表所示。

<table>
<tr><th>序号</th><th colspan="2">项目名称</th><th>计算基数</th><th>装饰工程费率</th></tr>
<tr><td>一</td><td colspan="2">定额直接费</td><td>按规定计算</td><td rowspan="2">按《上海市建筑装饰工程造价管理试行办法》的统计确定，27.6%</td></tr>
<tr><td>二</td><td colspan="2">次要材料差价</td><td>定额直接费中其他材料费、零件费或零件费与其他材料费之和</td></tr>
<tr><td>三</td><td colspan="2">直接费小计</td><td>一＋二</td><td></td></tr>
<tr><td>四</td><td colspan="2">施工准备费和施工管理费</td><td>三</td><td>6%～10%</td></tr>
<tr><td>五</td><td colspan="2">利润</td><td>三</td><td>≤ 7%</td></tr>
<tr><td>六</td><td colspan="2">费用合计</td><td>三＋四＋五</td><td></td></tr>
<tr><td rowspan="3">七</td><td rowspan="3">其他费用</td><td>定额编制管理费</td><td>三</td><td>0.5%</td></tr>
<tr><td>工程质量监督费</td><td>六</td><td>1.5%</td></tr>
<tr><td>上级（行业）管理费</td><td>六</td><td>1.5%</td></tr>
<tr><td>八</td><td colspan="2">税金</td><td>（六＋七）× 税率</td><td>按市、县、镇定 3.4%、3.34%、3.22%</td></tr>
<tr><td>九</td><td colspan="2">总造价</td><td>六＋七＋八</td><td></td></tr>
</table>

（5）四川省装饰工程取费费率

规费

四川省装饰工程取费规费如下表所示。

序号	规费名称	计算基础	费率
1	社会保障险		
1.1	养老保险费	分部分项清单人工费 + 措施项目清单人工费	8% ~ 14%
1.2	失业保险费	分部分项清单人工费 + 措施项目清单人工费	1% ~ 2%
1.3	医疗保险费	分部分项清单人工费 + 措施项目清单人工费	4% ~ 6%
2	住房公积金	分部分项清单人工费 + 措施项目清单人工费	3% ~ 6%
3	危险作业意外伤害保险	分部分项清单人工费 + 措施项目清单人工费	0.5%
4	工程排污费	按工程所在地环保部门规定按实际计算	
5	工程定额测定费	税前工程造价	成都市 1.3‰
			中等城市 1.4‰
			县级城市 1.5‰

税金

四川省装饰工程取费税金计算如下表所示。

项目名称	计算基础	费率
税金（营业税、城市维护建设税、教育费附加）	分部分项工程量清单合计 + 措施项目清单合计 + 其他项目清单合计 + 规费	市区 3.4% 县城、镇 3.34% 镇以下 3.22%

思考与巩固

1. 室内装饰工程施工组织措施费取费费率包含哪些内容？分别按照什么标准取费？
2. 装饰工程造价取费费率都包含哪些项目？分别按照什么费率进行取费？

四、室内装饰工程预算定额的应用

学习目标	本小节重点讲解室内装饰工程预算定额的应用。
学习重点	了解套用定额的注意事项、预算定额项目编号的确定及定额项目的选套方法。

1 套用定额的注意事项

①查阅前，认真阅读定额总说明、分部工程说明和有关附注的内容；掌握定额使用范围及有关规定。

②明确定额中的用语和符号的含义，如定额中凡注明“某某以内”“某某以下”者均不包括本身在内，凡带有“( )”的均未计算价格。

③熟悉各分部工程工程量的计算规则和计算方法，以及装饰面积的计算规则和方法。

④各分部工程工程量的计量单位一定要和套用的定额计量单位一致。

⑤熟练掌握常用分项工程定额所包括的工程内容，如人工、材料、机械台班消耗量和计量单位以及有关规定。

⑥明确定额换算范围，能够应用定额附录资料，熟练地进行定额项目换算和调整。

⑦由于装饰工程材料消耗大、品种多、更新快，在实际运用中，要根据情况套用，若定额有缺项，应做相应的补充。

2 定额编号

为了便于查阅、核对和审查定额项目选套是否准确合理，提高室内装饰工程施工图预算的编制质量，在编制室内装饰工程施工图预算时，必须填写定额编号。定额编号的方法，通常有以下三种。

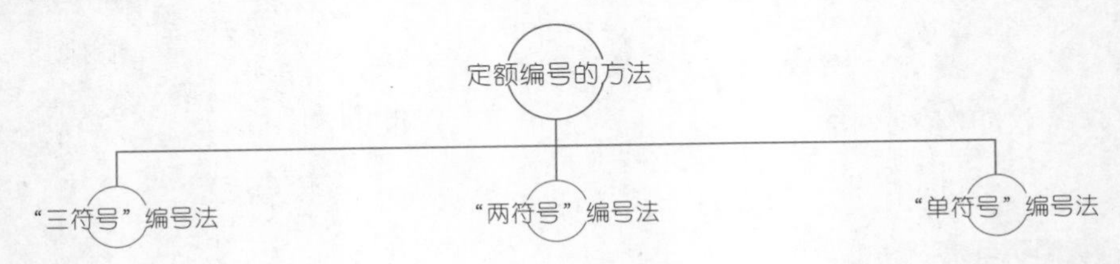

(1)“三符号”编号法

“三符号”编号法，是以预算定额中的分部工程序号、分项工程序号（或子项目所在的定额页数）、分项工程的子项目序号三个号码进行定额编号，其表达形式如下。

①分部工程序号 – 分项工程序号 – 子项目序号。

②分部工程序号 – 子项目所在的定额页数 – 子项目序号。

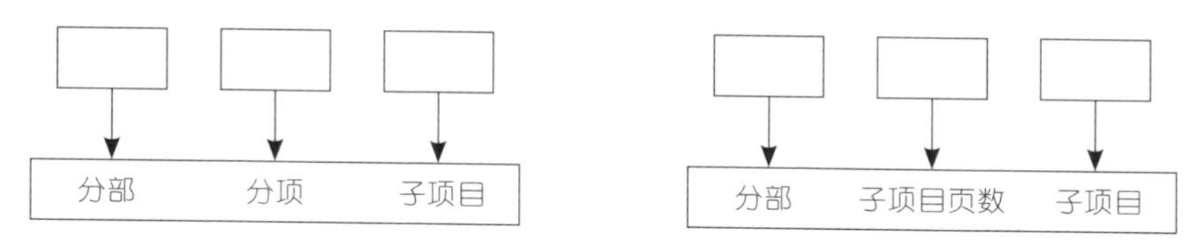

↑“三符号”法定额编号的表达形式

例如，某城市现行建筑装饰工程预算定额中的墙面挂大理石（勾缝）项目，该工程在定额中被排在第二部分，墙面装饰工程排在第二分项内；墙面挂贴大理石项目排在定额第 173 页第 104 个子项目。

定额编号为 2–2–104 或 2–173–104。

（2）“两符号”编号法

“两符号”编号法，是在“三符号”编号法的基础上，去掉一个符号（分部工程序号或子项工程序号），采用定额中分部工程序号（或子项目所在的定额页数）和子项目序号两个号码，进行定额编号，其表达形式如下。

分部工程序号 – 子项目序号或子项目所在的定额页数 – 子项目序号。

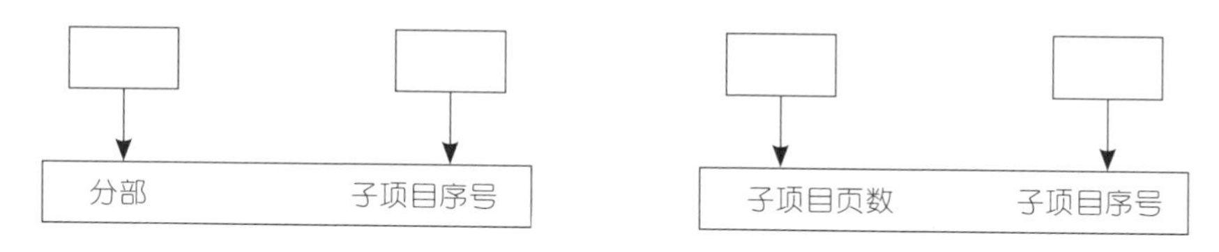

↑“两符号”法定额编号的表达形式

例如，上题中墙面挂贴大理石项目的定额编号也可记为 2–104 或 173–104。

（3）“单符号”编号法

“单符号”编号法，一般为装饰工程消耗量定额号的编制方法，是根据《建设工程工程量清单计价规范》（GB 50500—2013），采用定额中分部工程序号结合子项目序号进行定额编号的，其表达形式如下。

分部分项工程序号 + 子项目序号。

例如，石材墙面项目的定额编号为 011204。在这个号码中 0112 为墙柱面工程，04 为石材墙面项目。

3 定额项目的选套方法

(1)预算定额的直接套用

当施工图设计的工程项目内容与所选套的相应定额内容一致时，必须按定额的规定，直接套用定额。在编制室内装饰工程施工图预算、选套定额项目和确定单位预算价值时，绝大部分属于这种情况。当施工图设计的工程项目内容与所选套的相应定额项目规定的内容不一致，而定额规定又不允许换算或调整，此时也必须直接套用相应定额项目，不得随意换算或调整。直接套用定额项目的方法步骤如下。

预算定额直接套用的步骤：

- 根据施工图设计的工程项目内容，从定额目录中，查出该工程项目所在定额中的页数及其部位
- 判断施工图设计的工程项目内容与定额规定的内容是否一致。当完全一致或虽然不一致，但定额规定不允许换算或调整时，即可直接套用定额基价
- 将定额编号和定额基价，其中包括人工费、材料费和施工机械使用费，分别填入室内装饰工程预算表内
- 确定工程项目预算价值。其计算公式为：工程项目预算价值 = 工程项目工程量 × 相应定额基价

【例题 1】

某室内地面做实木烤漆地板（铺在毛地板上），项目工程量为 60.10m^2，试确定其人工费、材料费、机械台班费及预算价值。

解：以《xx 省建筑装饰工程预算定额》为例。

①从定额目录中查出实木烤漆地板（铺在毛地板上）的定额项目在定额中的 20101261、20101266、20101269 子项目。

②经判断可知，实木烤漆地板分项工程内容符合定额规定的内容，即可直接套用定额项目。

③从定额表中查出下以内容。

木龙骨基层：基价为 48.44 元 / m^2。

其中，人工费为 20.02 元 / m^2、材料费为 28.29 元 / m^2、机械台班费为 0.13 元 / m^2、定额编号为 20101261

杉木基层：基价为 47.04 元 / m^2。

其中，人工费为 6.64 元 / m^2、材料费为 40.17 元 / m^2 、机械台班费为 0.23 元 / m^2 、定额编号为 20101266

实木烤漆地板：基价为 316.33 元 / m^2。

其中，人工费为 17.29 元 / m^2、材料费为 299.04 元 / m^2、机械台班费为 0.00 元 / m^2，定额编号为 20101269 。

④计算实木烤漆地板的人工费、材料费、机械台班费和预算价值。

人工费 =（20.02 + 6.64 + 17.29）×60.10 = 2641.40（元）。

材料费 =（28.29 + 40.17 + 299.04）×60.10 = 22086.75（元）。

机械台班费 =（0.13 + 0.23 + 0.00）×60.10 = 21.64（元）。

预算价值 =（48.44 + 47.04 + 316.33）× 60.10 = 24749.78（元）。

【例题 2】

某装饰工程玻璃砖隔墙工程量为 356.21m^2，试确定其预算价格。

解：以《全国装饰工程预算定额》为例。

①从定额目录中查出定额编号为 36-72。

②经判断可知，该项工程内容符合定额规定的内容，可直接套用定额项目。

③从定额表中查出该工程定额：基价为 3376.89 元 / 100m^2。

其中，人工费为 815.00 元，定额编号为 36-72，分别填入预算表内。

④计算该工程的预算价格。

该工程的预算价值为：3376.89×356.21 / 100 = 12028.82（元）。

（2）套用换算后的定额项目

当施工图设计的工程项目内容与所选套的相应定额内容不一致时，如果定额规定允许换算和调整，则必须在定额规定范围内进行。套用换算后的定额项目，并对换算后的定额项目编号加括号，在括号的右下角注明“换”字，来表示区别，如（4-108）$_{换}$。

工程量换算法

工程量换算法是依据装饰工程预算定额中的规定，将施工图设计的工程项目的工程量乘以定额规定的调整系数，公式如下。

换算后的工程量 = 施工图计算的工程量 × 定额规定的调整系数

系数增减换算法

施工图设计的工程内容与定额规定的相应内容有的不完全符合，定额规定在允许范围内，可采用增减系数的方法调整定额基价或其中的人工费、机械使用费等，其换算步骤如下。

①根据施工图设计的工程项目内容，从定额手册目录中查出工程项目所在的页数和部位，并判断是否需要采用增减系数法来调整定额项目。

②如果需要进行调整，从定额项目表中查出调整前的定额基价和人工费或机械使用费，并从定额总说明、分部分项说明或附注内容中查出相应的调整系数。

③计算调整后的定额基价，公式如下。

调整后的定额基价 = 调整前的定额基价 + 定额人工费（或机械费）× 相应的调整系数

④写出调整后的定额编号。

⑤计算调整后的预算价值，公式如下。

调整后的预算价值 = 工程项目工程量 × 调整后的定额基价

材料价格换算法

材料价格换算法是指装饰工程材料的市场价格与相应定额规定的材料预算价格不同，而引起的定额基价的变化，因此必须进行换算，其换算步骤如下。

①根据施工图纸的工程项目内容，从定额手册目录中查出工程项目所在的页数和部位，并判断是否需要进行换算。

②如果需要进行换算，从定额中查出换算前的定额基价、材料预算价格、材料定额消耗量。

③从装饰材料市场价格信息资料中，查出相应材料的市场价格。

④计算换算后的定额基价，公式如下。

换算后的定额基价 = 换算前的定额基价 × 调整后的定额基价 ± [换算材料定额消耗量 ×(换算材料市场价格 × 换算材料定额预算价格)]

⑤写出调整后的定额编号。

⑥计算换算后的预算价值，公式如下。

换算后的预算价值 = 工程项目工程量 × 换算后的定额基价

材料用量换算法

当施工图纸设计的工程项目的主材消耗量与定额规定的主材消耗量不同时，就会引起定额基价的变化，因此必须进行换算，其换算步骤如下。

①从定额手册中查到工程项目所在的页码和部位，并判断是否需要进行换算。

②如果需要进行换算，从定额中查出换算前的定额基价、定额主材消耗量、定额主材预算价格。

③计算出工程项目主材实际用量和主材单位实际消耗量，公式如下。

主材实际用量 = 主材设计净用量 ×（ 1 + 损耗率 ）

主材实际单位消耗量 = 主材实际用量 / 工程项目工程量 × 定额计量单位

④计算换算后的定额基价，公式如下。

换算后的定额基价 = 换算前的定额基价 ±（ 设计主材实际消耗量 – 定额主材定额消耗量 ）× 定额主材预算价格

⑤写出调整后的定额编号。

⑥计算换算后的预算价值，公式如下。

换算后的预算价值 = 工程项目工程量 × 换算后的定额基价

材料种类换算法

施工图纸设计的工程项目所采用的材料与定额规定的材料种类不同，就会引起定额基价的变化，因此必须进行换算，其换算步骤如下。

①从定额手册中查到工程项目所在的页码和部位，并判断是否需要进行换算。

②如果需要进行换算，从定额中查出换算前的定额基价，换出材料的定额消耗量及相应的预算价格。

③计算换入材料的单位消耗量，公式如下。

换入材料的实际用量＝换入材料设计净用量 ×（1 ＋损耗率）

换入材料实际消耗量＝换入材料的实际用量／工程项目工程量 × 工程项目定额计量单位

④计算换入（出）材料费，公式如下。

换入材料费＝换入材料市场价格 × 换入材料实际消耗量

换出材料费＝换出材料市场价格 × 换出材料定额消耗量

⑤计算换算后的定额基价，公式如下。

换算后的定额基价＝换算前的定额基价 ±（换入材料费－换出材料费）

⑥写出调整后的定额编号。

⑦计算换算后的预算价值，公式如下。

换算后的预算价值＝工程项目工程量 × 换算后的定额基价

材料规格换算法

当施工图纸设计的主材规格与定额规定的主材规格不同时，就会引起定额基价的变化，因此必须进行换算。其换算方法与材料用量（价格）换算方法基本相同，但分为以下两种情况。

①材料规格不同，但消耗量相同。此时，按照材料价格换算法进行计算。

②材料规格不同，但主材消耗量发生变化。此时，按照材料用量换算法进行计算。

4 单位估价表的选套

①单位估价表是由工程所在地区颁布的。如果施工图设计的工程项目内容与所选套的单位估价表项目一致时，则可以直接套用。

②如果施工图纸设计的工程项目内容与所选套的单位估价表项目不一致，则必须按单位估价表中的规定进行换算或调整，其换算和调整方法与定额项目的换算方法一致。

5 补充定额（或单位估价表）的选套

若施工图的某些工程项目采用了新材料、新结构、新工艺，在编制定额时并未列入其中，也没有类似的定额项目可供借鉴，在此种情况下，为了确定装饰工程预算造价，需按照设计图纸资料，根据定额或单位估价表的编制原则，编制补充定额或单位估价表，使其形成定额基价，并请工程造价管理部审批后方可执行。

在套用补充定额时，应在定额编号的分部工程后注明“补”字，以表示区别，如“4 补 –5”或“（4–5）补”。

6 装饰工程工料分析

在施工前、施工中或者竣工后，企业进行施工组织或者优化施工方案或者评价施工方案都可运用定额进行工料分析。

【例题】

某室内墙面做榉木和枫木拼花饰面（基层板为 9mm 厚木夹板）项目，工程量为 $25.34m^2$，试确定其所需榉木和枫木面板、9mm 厚木夹板和 4mm×20mm×20mm 木龙骨各多少及其预算价值。

解：以某市建筑装饰工程预算定额为例（定额单位 m^2）。

从定额号 2–360 中可知：该定额基价为 66.01 元 / m^2。

其中，人工费为 19.53 元 / m^2 、材料费为 25.36 元 / m^2、机械台班费为 0.75 元 / m^2、榉木用量为 $0.60m^2$ / m^2 、枫木用量为 $0.60m^2$ / m^2。

从定额号 2–259 中可知：墙面木龙骨断面 $7.5cm^2$ 的定额基价为 19.67 元 / m^2。

其中，定额人工费为 6.45 元 / m^2、材料费为 8.39 元 / m^2、机械台班费为 0.33 元 / m^2、杉木方材用量为 $0.0068m^3$。

从定额号 2–288 中可知，多层夹板基层的定额中只有 12mm 厚的木夹板，应进行换算。

假设 9mm 木夹板的市场价为 20.02 元 / m^2，即（2–288）$_{换}$= 37.37 + 1.05×（20.02 – 23.58）=33.66（元 / m^2）。

其中，人工费为 6.02 元 / m^2、材料费为 21.28 元 / m^2、机械台班费为 0.23 元 / m^2、9mm 厚木夹板用量为 $1.05m^2$ 。

综上可知：

$$所需榉木的面积 = 0.60 \times 25.34 = 15.20（m^2）$$

$$所需枫木的面积 = 0.60 \times 25.34 = 15.20（m^2）$$

$$杉木方用量 = 0.0068 \times 25.34 /（0.02 \times 0.02 \times 4）= 107.69（根）$$

$$预算价值木方用量 =（66.01 + 19.67 + 33.66）\times 25.34 = 3024.08（元）$$

思考与巩固

1. 套用装饰工程预算定额时，有哪些注意事项？
2. 定额编号有几种方式？各自的表达形式是什么？
3. 什么情况下可以直接套用预算定额？
4. 预算定额直接套用的步骤是什么？
5. 定额换算有几种算法？各自应如何计算？
6. 什么情况下可以直接套用单位估价表？什么情况下必须换算后再套用？
7. 套用补充定额时有什么注意事项？

第三章

室内装饰工程工程量的计算

在了解了室内装饰工程费用构成及装饰工程定额构成等概念及内容后，还有装饰工程预算的核心问题需要进行了解，它就是工程量的计算。工程量的计算直接关系到预算的准确性，具体需要掌握的有工程量的计算规则、计算内容及计算方法等，本章将重点讲解这些内容。

扫码下载本章课件

一、室内装饰工程的工程量

学习目标	本小节重点讲解室内装饰工程的工程量。
学习重点	了解室内装饰工程工程量的概念、计算依据、计算的意义以及注意事项等。

1 室内装饰工程工程量的概念

工程量是指以物理计量单位或自然计量单位表示的室内装饰工程中的各个具体分部分项工程和构配件的数量。工程量的计量单位必须与定额规定的计量单位一致。

工程量的计量单位包括物理计量单位和自然计量单位两种。

①物理计量单位：物理计量单位是指需要通过度量工具来衡量物体量的性质的单位，常采用法定计量单位表示工程完成的数量。例如，窗帘盒、装饰线条等的工程量以米（m）为计量单位；墙面、柱面工程和门窗工程等工程量以平方米（m^2）为计量单位；砌砖、水泥砂浆等工程量以立方米（m^3）为计量单位等。

②自然计量单位：自然计量单位指不需要进行测量的、以物体自身进行计量的单位。如台灯按照“个”为计量单位，施工设备按照“台”“组”等为计量单位，卫生洁具以“组”为安装计量单位等。

2 室内装饰工程工程量计算的依据

①工程量计算必须依据国家标准《建设工程工程量清单计价规范》（GB 50500—2013）附录B“装饰装修工程工程量清单项目及计算规则”或所在地区政府部门或指定的“工程量计算规则（或原则）”规定计算。

②依据所采用的定额分部分项计算。

③计算工程量应依据的文件：

a. 经审定的施工设计图纸及施工说明；

b. 经审定的施工组织设计或施工措施技术方案；

c. 经双方同意的定额单价及其他有关文件。

④有关计算规则规定的工程量计算的计量单。

3 室内工程量计算的意义

工程量计算就是根据施工图、预算定额划分的项目及定额规定的工程量计算规则列出分项工程名称和计算式，并计算出结果。

工程量计算的工作是编制施工图预算的重要环节，在整个预算编制过程中是最繁重的一项工作。一方面，工程量计算工作在整个预算编制工作中所花的时间最长，它直接影响到预算的及时性；另一方面，工程量计算正确与否直接影响到各个分项工程定额直接费计算的准确性，从而影响工程预算造价的准确性。因此，要求预算人员应具有高度的责任感，耐心细致地进行计算。室内工程量计算的具体意义如下。

①计算的准确与否直接影响到各个分项工程定额直接费计算的准确性，从而影响整个装饰工程预算造价。

②计算的准确程度和快慢直接影响预算编制的质量和速度，影响装饰行业的管理计划以及统计工作。

③装饰工程量指标是装饰施工企业编制施工作业计划、合理安排施工速度、组织劳动力、材料、构配件等资源供应的不可缺少的重要依据。

④装饰行业财务管理和经济核算的重要指标。

4 室内工程量计算的一般规则

工作内容、范围要与定额中相应的分项工程所包括的内容和范围一致

计算工程量时，要熟悉定额中每个分项工程所包括的内容和范围，以避免重复列项或漏计项目。例如，抹灰工程分部中规定，室内墙面一般抹灰的定额内容不包括刷素水泥浆的工和料，如果设计中要求刷素水泥浆一遍，就应当另列项计算；如果该分部规定天棚抹灰的定额内容中包括基层刷含107胶的水泥浆一遍的工和料，在计算天棚抹灰工程量时，就已包括这项内容，不能再列项重复计算。

工程量的计量单位与定额规定的计量单位一致

计算工程量，首先要弄清楚定额的计量单位。例如，室内墙面抹灰，楼地面层均以面积计算，计量单位为平方米（m^2）；而踢脚线以长度米（m）计算。如果计算工程量都按照米为单位来计算，那么计算结果必然是不准确的。

工程量计算规则与现行定额规定的计算原则要一致

在按施工图样计算工程量时，采用的计算规则必须与本地区现行的预算定额的工程量计算规则相一致，这样才能有统一的计算标准，防止错算。

工程量计算简明扼要

工程量计算式要简单明了，并按一定顺序排列以便于核对工程量，在计算工程量时要注明层次、部位、断面、图号等。工程量计算式一般按长、宽、厚的顺序排列。在计算面积时，按长 × 宽（高）；计算体积时，按长 × 宽 × 厚或厚 × 宽 × 高等。

5 室内装饰工程工程量计算的注意事项

工程量计算是根据已会审的施工图所规定的各分项工程的尺寸、数量，以及设备、构件、门窗等明细表和预算定额各分部工程量计算规则进行的。在其计算过程中，应注意下列问题。

①必须在熟悉和审查施工图的基础上进行，要严格按照定额规定和工程量计算规则进行计算，不得任意加大或缩小各部位的尺寸。在装饰装修工程量计算中，较多地使用净尺寸，例如，不能以轴线间距作为内墙净长距离，更不能按照外包装尺寸取代之，以免增加工程量，一般来说，净尺寸要按照图示尺寸经简单计算决定。

②为了便于核对和检查，避免重算或漏算，在计算工程量时，一定要注明层次、部位、轴线编号、断面符号。

③工程量计算公式中的各项应按一定顺序排列，以方便校核。计算面积时，一般按长、宽（高）顺序排列，数字精确度一般计算到小数点后三位；在汇总列项时，可四舍五入取小数点后两位。

④为了减少重复劳动，提高编制预算工作效率，应尽量利用图样上已注明的数据表和各种附表，如门窗、灯具明细表。

⑤为了防止重算或漏算，计算工程量时要按施工顺序，并结合定额手册中定额项目排列的顺序，以及计算方法顺序进行计算。

⑥计算工程量时，应采用表格方式进行，以利于审核。

⑦工程量汇总时，计量单位必须和预算定额或单位估价表一致。例如，当《建设工程工程量清单计价规范》（GB 50500—2013）中的分项以“米”为单位时，所计算的工程量也必须以“米”为单位。在《全国统一建筑装饰装修工程量清单计量规范》中，主要计量单位采用以下规定。

a. 以体积计算的为立方米（m^3）。

b. 以面积计算的为平方米（m^2）。

c. 以长度计算的为米（m）。

d. 以质量计算的为吨或者千克（t 或 kg）。

e. 以件（个或组）计算的为件（个或组）。

⑧各分部分项工程工程量计算完毕后，各分项工程子项应标明：子项目名称、定额编号、项目编号，以便检查和审核。

6 室内装饰工程工程量计算的要求与原则

（1）室内装饰工程工程量计算的要求

工程量计算的项目内容口径一致

计算工程量所列的分项工程项目必须与计算规则（原则）及定额单价中相应项目的工程内容一致，以便准确应用定额单价。如轻钢龙骨隔墙，定额项目有包括石膏板封面和不包括石膏板封面两种，若选择套用包括石膏板封面的内容，则不另外计算封板。

计算的项目单位一致

计算工程量的单位必须与定额套用的项目计量单位或《建设工程工程量清单计价规范》（GB 50500—2013）中的计量单位相一致，否则无法套用定额。

计算项目与规则一致

计算工程量必须遵守工程量计算规则，因为工程量计算规则与定额的内容是相呼应的。

（2）室内装饰工程工程量计算的原则

①准确：表示的是工程量计算的质量。若没有准确的工程量计算，就难以得到准确的装饰工程预算报价。

②清楚：即工程量计算中应减少错误，易让他人了解。

③明了：即能够让他人看懂工程量计算的意思，避免发生误解。

④详细：即能够让他人全面了解工程量计算的数字来源，方便进行复核。

7 室内装饰工程工程量计算的顺序与方法

（1）室内装饰工程工程量计算的顺序

①计算工程量时，应按照施工图纸顺序分部、分项计算，并尽可能利用计算表格。

②在列式计算给予尺寸时，其次序应保持统一，一般以长、宽、高为次序列项。

（2）室内装饰工程工程量计算的方法

①顺时针计算法：从施工图纸的左上角开始，向右逐项进行，循环一周后回到起始点为止。一般适合用于计算楼地面、天棚等项目。

②横竖分割计算法：即按照先横后竖、先上后下、先左后右的顺序来计算工程量。

③轴线计算法：即按照图纸上轴线的编号进行工程量计算的方法。当遇到造型比较复杂的工程时，适合采用此种计算方法来计算工程量。

思考与巩固

1. 什么是室内装饰工程工程量？其计算的依据有哪些？
2. 计算室内装饰工程工程量有哪些意义？
3. 室内装饰工程工程量计算的原则是什么？
4. 室内装饰工程工程量计算有哪些计算方法？

二、建筑面积的计算

学习目标	本小节重点讲解室内装饰工程建筑面积的计算。
学习重点	了解室内装饰工程计算建筑面积的意义、计算和不计算建筑面积的范围。

1 计算建筑面积的意义

建筑面积是指建筑物外墙结构所围合的水平投影面积之和，是根据建筑平面图在统一计算规则下计算出来的一项重要经济数据。根据建筑的不同建设阶段划分，有基本建设计划面积、房屋竣工面积、在建房屋建筑面积等数据；根据建筑的功能划分，有结构面积、交通面积、使用面积。建筑面积是衡量建筑或室内的经济性能指标，也是计算某些分项工程工程量的基本数据，如综合脚手架、建筑物超高施工增加费、垂直运输等工程量都是以建筑面积为基数计算的。

建筑面积的计算不仅关系到工程量计算的准确性，而且对于控制基建投资规模、设计、施工管理方面都具有重要意义。所以，在计算建筑面积时，要认真对照定额中的计算规则，弄清楚哪些部位该计算，哪些部位不该计算，以及如何计算。

2 计算建筑面积的范围

①单层建筑物无论其高度如何，均按一层计算建筑面积，其建筑面积按建筑物外墙勒脚以上结构的外围水平面积计算。单层建筑物内设有部分楼层者，首层建筑面积已包括在单层建筑物内，首层以上应计算建筑面积。高低联跨的单层建筑物，需分别计算建筑面积时，应以结构外边线为界分别计算。

②多层建筑物建筑面积，按各层建筑面积之和计算，首层建筑面积按外墙勒脚以上结构的外围水平面积计算，首层以上按外墙结构的外围水平面积计算。

③同一建筑物的结构、层数不同时，应分别计算建筑面积。

④地下室、半地下室、地下车间、仓库、商店、车站、地下指挥部等建筑物及相应的出入口的建筑面积，按其上口外墙（不包括采光井、防潮层及其保护墙）外围水平面积计算。

⑤建于坡地的建筑物利用吊脚空间设置架空层和深基础地下架空层设计加以利用时，其层高在 2.2m 以上时，按围护结构外围水平面积计算建筑面积。

⑥穿过建筑物的通道，建筑物内的门厅、大厅，无论其高度如何，均按一层建筑面积计算。门厅、大厅内设有回廊时，按其自然层的水平投影面积计算建筑面积。

⑦室内楼梯间、电梯井、提物井、垃圾道、管道井等均按建筑物的自然层计算建筑面积。

⑧书库、立体仓库有结构层的，按结构层计算建筑面积；没有结构层的，按承重书架层或两架层计算建筑面积。

⑨有围护结构的舞台灯光控制室，按其围护结构外围水平面积乘以层数计算建筑面积。

⑩建筑物内设备管道层、储藏室等层高在 2.2m 以上时，应计算建筑面积。

⑪有柱的雨篷、车棚、货棚、站台等，按柱外围水平面积计算建筑面积；独立柱的雨篷、单排柱的车棚、货棚、站台等，按其顶盖水平投影面积的一半计算建筑面积。

⑫屋面上部有围护结构的楼梯间、水箱间、电梯机房等，按围护结构外围水平面积计算建筑面积。

⑬建筑物外有围护结构的门斗、眺望间、观望电梯间、阳台、橱窗、挑廊、走廊等，按其围护结构外围水平面积计算建筑面积。

⑭建筑物外有支柱和顶盖走廊、檐廊，按外围水平面积计算建筑面积；有盖天柱的走廊、檐廊挑出墙外宽度在 1m 以上时，按其顶盖投影面积的一半计算建筑面积。无围护结构的凹阳台、挑阳台，按其水平面积的一半计算建筑面积。建筑物间有顶盖的架空走廊，按其顶盖水平投影面积计算建筑面积。

⑮室外楼梯，按自然层投影面积之和计算建筑面积。

⑯建筑物内变形缝、沉降缝等，凡缝宽在 300mm 以内者，均依其缝宽按自然层计算建筑面积，并入建筑物建筑面积之内计算。

3 不计算建筑面积的范围

①突出外墙的构件、配件、附墙柱、垛、勒脚、台阶、悬挑雨篷、墙面抹灰、镶贴块材、装饰面等。

②用于检修、消防等用途的室外爬梯。

③层高 2.2m 以内的设备管道层、储藏室、设计不利用的深基础架空层及吊脚架空层。

④建筑物内操作平台、上料平台、安装箱或罐体平台；没有围护结构的屋顶水箱、花架、凉棚等。

⑤立烟囱、烟道、地沟、油（水）罐、气柜、水塔、储油（水）池、储仓、栈桥、地下人防通道等构筑物。

⑥单层建筑物内分隔单层房间，舞台及后台悬挂的幕布、布景天桥、挑台。

⑦建筑物内宽度在 300mm 以上的变形缝、沉降缝。

思考与巩固

1. 计算建筑面积有什么意义？
2. 哪些属于需要计算建筑面积的范围？
3. 哪些属于不需要计算建筑面积的范围？

三、楼地面装饰工程工程量的计算

学习目标	本小节重点讲解室内楼地面装饰工程工程量的计算。
学习重点	了解室内楼地面装饰工程工程量计算的基本内容及计算规则。

1 基本内容

楼地面是楼面和地面的总称，是构成楼地层的组成部分。一般来说，地层（又称为地坪）主要由垫层、找平层和面层组成；楼层主要由结构层、找平层、保温隔热层和面层组成。

楼地面装饰工程主要包括：抹灰工程（水泥砂浆、水磨石等）、块料面层（石材、块料）、橡塑面层（板、卷材等）、其他材料面层、踢脚线、楼梯面层、台阶面层、零星装饰项目等。

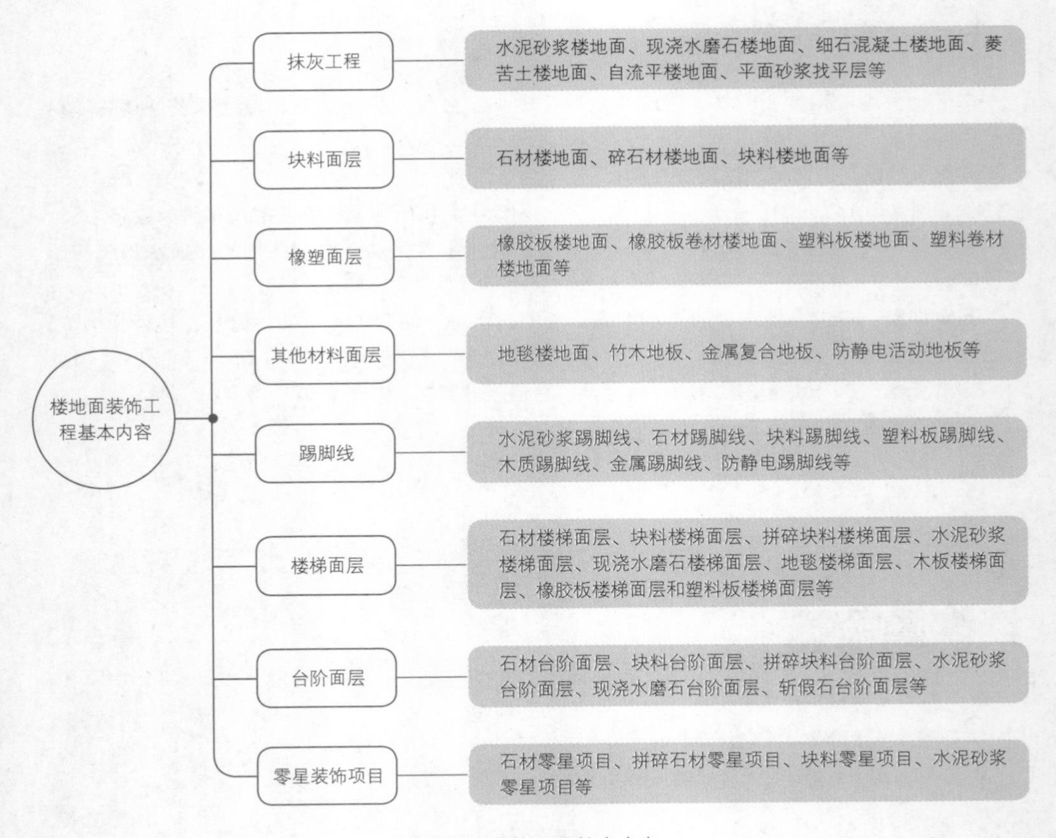

↑楼地面装饰工程基本内容

2 计算规则

（1）楼地面抹灰工程

楼地面抹灰包括水泥砂浆楼地面、现浇水磨石楼地面、细石混凝土楼地面、菱苦土楼地面、自流平楼地面、平面砂浆找平层等工程项目，它们的工程量清单项目的设置、项目特征描述的内容、计量单位、工程量计算规则应按照下表来执行。

<table>
<tr><th>项目编码
项目名称</th><th>项目特征</th><th>计量单位</th><th>工程量计算规则</th><th>工作内容</th></tr>
<tr><td>011101001
水泥砂浆楼地面</td><td>（1）垫层材料种类、厚度
（2）找平层厚度、砂浆配合比
（3）素水泥浆遍数
（4）面层厚度、砂浆配合比
（5）面层做法要求面积</td><td rowspan="2">m^2</td><td rowspan="2">按设计图示尺寸以面积计算。扣除凸出地面构筑物、设备基础、室内管道、地沟等所占面积
不扣除间壁墙及≤0.3m^2附墙烟囱及孔洞所占面积。门洞、空圈、暖气包槽、壁龛的开口部分不增加面积，柱、垛按设计图示尺寸以面积计算</td><td>（1）基层清理
（2）垫层铺设
（3）抹找平层
（4）抹面层
（5）材料运输</td></tr>
<tr><td>011101002
现浇水磨石楼地面</td><td>（1）垫层材料种类、厚度
（2）找平层厚度、砂浆配合比
（3）面层厚度、水泥石子砂浆配合比
（4）嵌条材料种类、规格
（5）石子种类、规格、颜色
（6）颜料种类、颜色
（7）图案要求
（8）磨光、酸洗、打蜡要求</td><td>（1）基层清理
（2）垫层铺设
（3）抹找平层
（4）面层铺设
（5）嵌缝条安装
（6）磨光、酸洗、打蜡
（7）材料运输</td></tr>
</table>

续表

项目编码 项目名称	项目特征	计量单位	工程量计算规则	工作内容
011101003 细石混凝土楼地面	(1)垫层材料种类、厚度 (2)找平层厚度、砂浆配合比 (3)面层厚度、混凝土强度等级	m^2	按设计图示尺寸以面积计算。扣除凸出地面构筑物、设备基础、室内管道、地沟等 所占面积，不扣除间壁墙及≤0.3m^2附墙烟囱及孔洞所占面积。门洞、空圈、暖气包槽、壁龛的开口部分不增加面积，柱、垛按设计图示尺寸以面积计算	(1)基层清理 (2)垫层铺设 (3)抹找平层 (4)面层铺设 (5)材料运输
011101004 菱苦土楼地面	(1)垫层材料种类、厚度 (2)找平层厚度、砂浆配合比 (3)面层厚度 (4)打蜡要求			(1)基层清理 (2)垫层铺设 (3)抹找平层 (4)面层铺设 (5)打蜡 (6)材料运输
011101005 自流平楼地面	(1)垫层材料种类、厚度 (2)找平层厚度、砂浆配合比			(1)基层清理 (2)垫层铺设 (3)抹找平层 (4)材料运输
011101006 平面砂浆找平层	(1)找平层厚度、砂浆配合比 (2)界面剂材料种类 (3)中层漆材料种类、厚度 (4)面漆材料种类、厚度 (5)面层材料种类			(1)基层清理 (2)抹找平层 (3)涂界面剂 (4)涂刷中层漆 (5)打蜡、吸尘 (6)镘自流平漆(浆) (7)拌和自流平浆料 (8)铺面层

注：1.水泥砂浆面层处理是拉毛还是提浆压光应在面层做法要求中描述。
2.平面砂浆找平层只适用于仅做找平层的平面抹灰。
3.间壁墙指墙厚≤120mm的墙。

（2）块料面层

块料面层包括石材楼地面、碎石材楼地面、块料楼地面等，它们的工程量清单项目的设置、项目特征描述的内容、计量单位、工程量计算规则应按照下表来执行。

<table>
<tr><th>项目编码
项目名称</th><th>项目特征</th><th>计量单位</th><th>工程量计算规则</th><th>工作内容</th></tr>
<tr><td>011102001
石材楼地面</td><td rowspan="2">（1）找平砂浆厚度、砂浆配合比
（2）结合层厚度、砂浆配合比
（3）面层材料品种、规格、颜色
（4）嵌缝材料种类
（5）防护层材料种类
（6）酸洗、打蜡要求</td><td rowspan="3">m^2</td><td rowspan="3">按设计图示尺寸以面积计算。扣除凸出地面构筑物、设备基础、室内管道、地沟等所占面积
不扣除间壁墙及 $\le 0.3m^2$ 附墙烟囱及孔洞所占面积。门洞、空圈、暖气包槽、壁龛的开口部分不增加面积，柱、垛按设计图示尺寸以面积计算</td><td rowspan="3">（1）基层清理、抹找平层
（2）面层铺设、磨边
（3）嵌缝
（4）刷防护材料
（5）酸洗、打蜡
（6）材料运输</td></tr>
<tr><td>011102002
碎石材楼地面</td></tr>
<tr><td>011102003
块料楼地面</td><td>（1）垫层材料种类、厚度
（2）找平层厚度、砂浆配合比
（3）结合层厚度、砂浆配合比
（4）面层材料品种、规格、颜色
（5）嵌缝材料种类
（6）防护层材料种类
（6）酸洗、打蜡要求</td></tr>
</table>

注：1. 在描述碎石材项目的面层材料特征时可不用描述规格、品牌、颜色。
2. 石材、块料与黏结材料的结合面刷防渗材料的种类在防护层材料种类中描述。
3. 表中工作内容中的磨边指施工现场磨边。

知识扩展

楼地面各构造层次的材料种类及作用

基层：楼板、夯实土基。

垫层：承受地板荷载并均匀传递给基层的构造层。常用三合土、素混凝土、毛石混凝土等材料。

找平层：在垫层、楼板或填充层上起找平、找坡或加强作用的构造层，一般为水泥砂浆找平层。

结合层：面层与下层相结合的中间层。

(3) 橡塑面层

橡塑面层包括橡胶板楼地面、橡胶板卷材楼地面、塑料板楼地面、塑料卷材楼地面等，它们的工程量清单项目的设置、项目特征描述的内容、计量单位、工程量计算规则应按照下表来执行。

<table>
<tr><th>项目编码
项目名称</th><th>项目特征</th><th>计量单位</th><th>工程量计算规则</th><th>工作内容</th></tr>
<tr><td>011103001
橡胶板楼地面</td><td rowspan="4">(1) 黏结层厚度、材料种类
(2) 面层材料品种、规格、颜色
(3) 压线条种类</td><td rowspan="4">m^2</td><td rowspan="4">按设计图示尺寸以面积计算。门洞、空圈、暖气包槽、壁龛的开口部分并入相应的工程量内</td><td rowspan="4">(1) 基层清理
(2) 面层铺贴
(3) 压缝条装订
(4) 材料运输</td></tr>
<tr><td>011103002
橡胶板卷材楼地面</td></tr>
<tr><td>011103003
塑料板楼地面</td></tr>
<tr><td>011103004
塑料卷材楼地面</td></tr>
</table>

(4) 其他材料面层

其他材料面层包括地毯楼地面、竹木地板、金属复合地板、防静电活动地板等，它们的工程量清单项目的设置、项目特征描述的内容、计量单位、工程量计算规则应按照下表来执行。

<table>
<tr><th>项目编码
项目名称</th><th>项目特征</th><th>计量单位</th><th>工程量计算规则</th><th>工作内容</th></tr>
<tr><td>011104001
地毯楼地面</td><td>(1) 面层材料品种、规格、颜色
(2) 防护材料种类
(3) 黏结材料种类
(4) 压线条种类</td><td rowspan="2">m^2</td><td rowspan="2">按设计图示尺寸以面积计算。门洞、空圈、暖气包槽、壁龛的开口部分并入相应的工程量内</td><td>(1) 基层清理
(2) 铺贴面层
(3) 刷防护材料
(4) 装订压条
(5) 材料运输</td></tr>
<tr><td>011104002
竹木地板</td><td>(1) 龙骨材料种类、规格、铺设间距
(2) 基层材料种类、规格
(3) 面层材料种类、规格、颜色
(4) 防护材料种类</td><td>(1) 基层清理
(2) 龙骨铺设
(3) 基层铺设
(4) 面层铺贴
(5) 刷防护材料
(6) 材料运输</td></tr>
</table>

续表

项目编码 项目名称	项目特征	计量单位	工程量计算规则	工作内容
011104003 金属复合地板	（1）龙骨材料种类、规格、铺设间距 （2）基层材料种类、规格 （3）面层材料种类、规格、颜色 （4）防护材料种类	m^2	按设计图示尺寸以面积计算。门洞、空圈、暖气包槽、壁龛的开口部分并入相应的工程量内	（1）基层清理 （2）龙骨铺设 （3）基层铺设 （4）面层铺贴 （5）刷防护材料 （6）材料运输
011104004 防静电活动地板	（1）支架高度、材料种类 （2）面层材料种类、规格、颜色 （3）防护材料种类			（1）基层清理 （2）固定支架安装 （3）活动面层安装 （4）刷防护材料 （5）材料运输

（5）踢脚线

踢脚线一般包括水泥砂浆踢脚线、石材踢脚线、块料踢脚线、塑料板踢脚线、木质踢脚线、金属踢脚线、防静电踢脚线等，它们的工程量清单项目的设置、项目特征描述的内容、计量单位、工程量计算规则应按照下表来执行。

项目编码 项目名称	项目特征	计量单位	工程量计算规则	工作内容
011105001 水泥砂浆踢脚线	（1）踢脚线高度 （2）底层厚度、砂浆配合比 （3）面层厚度、砂浆配合比	（1）m^2 （2）m	（1）按设计图示长度乘以高度，以面积计算 （2）按延长米计算	（1）基层清理 （2）底层和面层抹灰 （3）材料运输

续表

项目编码 项目名称	项目特征	计量单位	工程量计算规则	工作内容
011105002 石材踢脚线	(1)踢脚线高度 (2)粘贴层厚度、材料种类 (3)面层材料种类、规格、颜色 (4)防护材料种类	(1)m^2 (2)m	(1)按设计图示长度乘以高度，以面积计算 (2)按延长米计算	(1)基层清理 (2)底层抹灰 (3)面层铺贴、磨边 (4)擦缝 (5)磨光、酸洗、打蜡 (6)刷防护材料 (7)材料运输
011105003 块料踢脚线				
011105004 塑料板踢脚线	(1)踢脚线高度 (2)黏结层厚度、材料种类 (3)面层材料种类、规格、颜色			(1)基层清理 (2)基层铺贴 (3)面层铺贴 (4)材料运输
011105005 木质踢脚线	(1)踢脚线高度 (2)基层材料种类、规格 (3)面层材料种类、规格、颜色			
011105006 金属踢脚线				
011105007 防静电踢脚线				

注：石材、块料与黏结材料的结合面刷防渗材料的种类在防护层材料种类中描述。

（6）楼梯面层

楼梯面层包括石材楼梯面层、块料楼梯面层、拼碎块料楼梯面层、水泥砂浆楼梯面层、现浇水磨石楼梯面层、地毯楼梯面层、木板楼梯面层、橡胶板楼梯面层和塑料板楼梯面层等，它们的工程量清单项目的设置、项目特征描述的内容、计量单位、工程量计算规则应按照下表来执行。

<table>
<tr><th>项目编码
项目名称</th><th>项目特征</th><th>计量单位</th><th>工程量计算规则</th><th>工作内容</th></tr>
<tr><td>011106001
石材楼梯面层</td><td rowspan="3">（1）找平层厚度、砂浆配合比
（2）黏结层厚度、砂浆配合比
（3）面层材料品种、规格、颜色
（4）防滑条材料种类、规格
（5）勾缝材料种类
（6）防护层材料种类
（7）酸洗、打蜡要求</td><td rowspan="5">m²</td><td rowspan="5">按设计图示尺寸以楼梯（包括踏步、休息平台及≤500mm的楼梯井）水平投影面积计算。楼梯与楼地面相连时，算至梯口梁内侧边沿；无梯口梁者，算至最上一层踏步边沿加300mm</td><td rowspan="3">（1）基层清理
（2）抹找平层
（3）面层铺贴、磨边
（4）贴嵌防滑条
（5）勾缝
（6）刷防护材料
（7）酸洗、打蜡
（8）材料运输</td></tr>
<tr><td>011106002
块料楼梯面层</td></tr>
<tr><td>011106003
拼碎块料楼梯面层</td></tr>
<tr><td>011106004
水泥砂浆楼梯面层</td><td>（1）找平层厚度、砂浆配合比
（2）面层厚度、砂浆配合比
（3）防滑条材料种类、规格</td><td>（1）基层清理
（2）抹找平层
（3）抹面层
（4）抹防滑条
（5）材料运输</td></tr>
<tr><td>011106005
现浇水磨石楼梯面层</td><td>（1）找平层厚度、砂浆配合比
（2）面层厚度、水泥石子浆配合比
（3）防滑条材料种类、规格
（4）石子种类、规格、颜色
（5）颜料种类、颜色
（6）磨光、酸洗、打蜡要求</td><td>（1）基层清理
（2）抹找平层
（3）抹面层
（4）贴嵌防滑条
（5）磨光、酸洗、打蜡
（6）材料运输</td></tr>
</table>

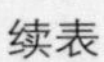

<table>
<tr><th>项目编码
项目名称</th><th>项目特征</th><th>计量单位</th><th>工程量计算规则</th><th>工作内容</th></tr>
<tr><td>011106006
地毯楼梯面层</td><td>(1)基层种类
(2)面层材料种类、规格、颜色
(3)防护材料种类
(4)黏结材料种类
(5)固定配件材料种类、规格</td><td rowspan="4">m²</td><td rowspan="4">按设计图示尺寸以楼梯(包括踏步、休息平台及≤500mm 的楼梯井)水平投影面积计算。楼梯与楼地面相连时，算至梯口梁内侧边沿；无梯口梁者，算至最上一层踏步边沿加300mm</td><td>(1)基层清理
(2)铺贴面层
(3)固定配件安装
(4)刷防护材料
(5)材料运输</td></tr>
<tr><td>011106007
木板楼梯面层</td><td>(1)基层材料种类、规格
(2)面层材料种类、规格、颜色
(3)黏结材料种类
(4)防护材料种类</td><td>(1)基层清理
(2)基层铺设
(3)面层铺贴
(4)刷防护材料
(5)材料运输</td></tr>
<tr><td>011106008
橡胶板楼梯面层</td><td rowspan="2">(1)黏结层厚度、材料种类
(2)面层材料品种、规格、颜色
(3)压线条种类</td><td rowspan="2">(1)基层清理
(2)面层铺贴
(3)压缝条装订
(4)材料运输</td></tr>
<tr><td>011106009
塑料板楼梯面层</td></tr>
</table>

注：1. 在描述碎石材项目的面层材料特征时可不用描述规格、品牌、颜色。
2. 石材、块料与黏结材料的结合面刷防渗材料的种类在防滑层材料种类中描述。

（7）台阶面层

台阶面层包括石材台阶面、块料台阶面、拼碎块料台阶面、水泥砂浆台阶面、现浇水磨石台阶面和斩假石台阶面等，它们的工程量清单项目的设置、项目特征描述的内容、计量单位、工程量计算规则应按照下表来执行。

<table>
<tr><th>项目编码
项目名称</th><th>项目特征</th><th>计量单位</th><th>工程量计算规则</th><th>工作内容</th></tr>
<tr><td>011107001
石材台阶面</td><td rowspan="3">（1）找平层厚度、砂浆配合比
（2）黏结层材料种类
（3）面层材料品种、规格、颜色
（4）勾缝材料种类
（5）防滑条材料种类、规格
（6）防护材料种类</td><td rowspan="5">m^2</td><td rowspan="5">按设计图示尺寸以台阶（包括最上层踏步边沿加300mm）水平投影面积计算</td><td rowspan="3">（1）基层清理
（2）抹找平层
（3）面层铺贴
（4）贴嵌防滑条
（5）勾缝
（6）刷防护材料
（7）材料运输</td></tr>
<tr><td>011107002
块料台阶面</td></tr>
<tr><td>011107003
拼碎块料台阶面</td></tr>
<tr><td>011107004
水泥砂浆台阶面</td><td>（1）垫层材料种类、厚度
（2）找平层厚度、砂浆配合比
（3）面层厚度、混凝土强度等级
（4）防滑条材料种类</td><td>（1）基层清理
（2）铺设垫层
（3）抹找平层
（4）抹面层
（5）抹防滑条
（6）材料运输</td></tr>
<tr><td>011107005
现浇水磨石台阶面</td><td>（1）垫层材料种类、厚度
（2）找平层厚度、砂浆配合比
（3）面层厚度、水泥石子浆配合比
（4）防滑条种类、规格
（5）石子种类、规格、颜色
（6）颜料种类、颜色
（7）磨光、酸洗、打蜡要求</td><td>（1）基层清理
（2）铺设垫层
（3）抹找平层
（4）抹面层
（5）贴嵌防滑条
（6）磨光、酸洗打蜡
（7）材料运输</td></tr>
</table>

续表

项目编码 项目名称	项目特征	计量 单位	工程量计算规则	工作内容
011107006 斩假石台阶面	(1)垫层材料种类、厚度 (2)找平层厚度、砂浆配合比 (3)面层厚度、混凝土强度等级 (4)斩假石要求	m^2	按设计图示尺寸以台阶(包括最上层踏步边沿加300mm)水平投影面积计算	(1)基层清理 (2)铺设垫层 (3)抹找平层 (4)抹面层 (5)斩假石 (6)材料运输

注:1.在描述碎石材项目的面层材料特征时可不用描述规格、品牌、颜色。
2.石材、块料与黏结材料的结合面刷防渗材料的种类在防滑层材料种类中描述。

(8)零星装饰项目

零星装饰项目包括石材零星项目、拼碎石材零星项目、块料零星项目和水泥砂浆零星项目等,它们的工程量清单项目的设置、项目特征描述的内容、计量单位、工程量计算规则应按照下表来执行。

<table>
<tr><th>项目编码
项目名称</th><th>项目特征</th><th>计量
单位</th><th>工程量计算规则</th><th>工作内容</th></tr>
<tr><td>011108001
石材零星项目</td><td rowspan="3">(1)工程部位
(2)找平层厚度、砂浆配合比
(3)结合层厚度、材料种类
(4)面层材料品种、规格、颜色
(5)勾缝材料种类
(6)防护材料种类
(7)酸洗、打蜡要求</td><td rowspan="4">m^2</td><td rowspan="4">按设计图示尺寸以面积计算</td><td rowspan="3">(1)基层清理
(2)抹找平层
(3)面层铺贴
(4)贴嵌防滑条
(5)勾缝
(6)刷防护材料
(7)材料运输</td></tr>
<tr><td>011108002
拼碎石材零星项目</td></tr>
<tr><td>011108003
块料零星项目</td></tr>
<tr><td>011108004
水泥砂浆零星项目</td><td>(1)工程部位
(2)找平层厚度、砂浆配合比
(3)面层厚度、砂浆厚度</td><td>(1)基层清理
(2)抹找平层
(3)抹面层
(4)材料运输</td></tr>
</table>

注:1.楼梯、台阶牵边和侧面镶贴块料面层,$\leqslant 0.5m^2$ 的少量分散的楼地面镶贴块料面层,应按照表中零星装饰项目执行。
2.石材、块料与黏结材料的结合面刷防渗材料的种类在防滑层材料种类中描述。

3 实例解读

（1）抹灰工程

某办公室平面图如下所示，地面做法：60mm 厚 C20 细石层混凝土找平，20mm 厚 1 ：2.5 白水泥色石子水磨石面层，15mm×2mm 铜条分隔，距离墙边 300mm 纵横按照 1m 宽度分隔，计算地面工程量。

计算规则：按设计图示尺寸以主墙间的面积计算。扣除凸出地面构筑物、设备基础、室内管道、地沟等所占面积。不扣除间壁墙及≤ 0.3m² 附墙烟囱及孔洞所占面积。门洞、空圈、暖气包槽、壁龛的开口部分不增加面积，柱、垛按设计图示尺寸以面积计算。

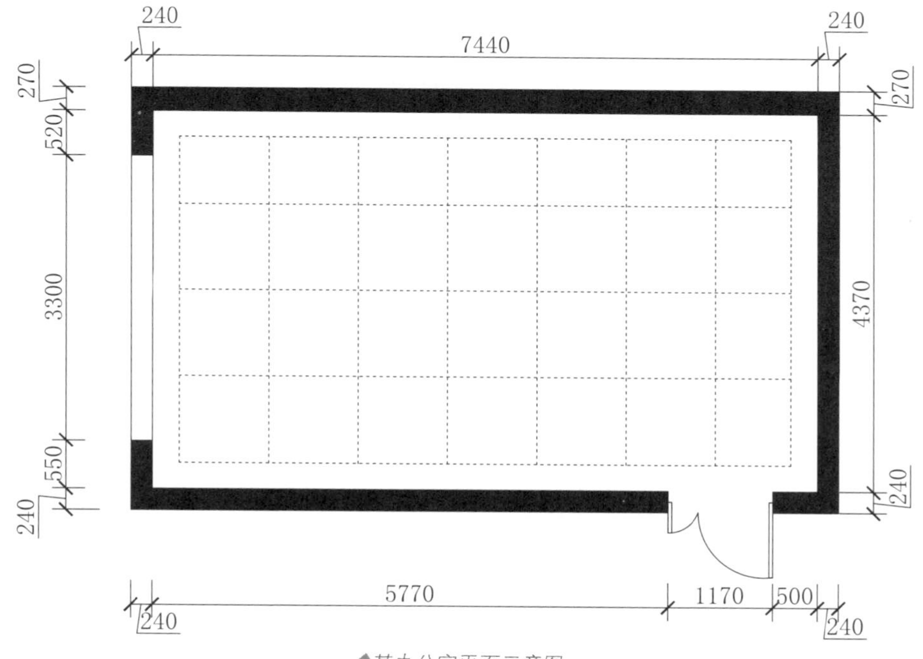

↑某办公室平面示意图

解题：

$$水磨石地面整体工程量 =\underset{室内长度 \times 宽度}{\underline{7.44 \times 4.37}}=32.5m^2$$

根据做法说明，该水磨石地面项目产生的工作内容包括找平层的铺设、面层铺设及铜嵌条的安装。

工程量分别如下。

① 60mm 厚 C20 细石层混凝土找平工程量 =7.44×4.37=32.5m²。

② 20mm 厚 1 ：2.5 白水泥色石子水磨石面层工程量 =7.44×4.37=32.5m²。

③ 15mm×2mm 铜条工程量 $=(\underset{室内长度}{\underline{7.44}}-\underset{墙边距离}{\underline{0.3\times2}})\times\underset{横向条数}{\underline{5}}+(\underset{室内宽度}{\underline{4.37}}-\underset{墙边距离}{\underline{0.3\times2}})\times\underset{竖向条数}{\underline{8}}=64.4m$。

（2）块料面层

某工程平面图如下所示，地面做法：C20 细石混凝土找平层 60mm 厚，现场集中搅拌，1：2.5 水泥砂浆铺贴全瓷抛光地板砖，规格为 800mm × 800mm，面层酸洗打蜡，计算地面工程量。

计算规则：按设计图示尺寸以主墙间的面积计算。扣除凸出地面构筑物、设备基础、室内管道、地沟等所占面积。不扣除间壁墙及≤ $0.3m^2$ 附墙烟囱及孔洞所占面积。门洞、空圈、暖气包槽、壁龛的开口部分不增加面积，柱、垛按设计图示尺寸以面积计算。

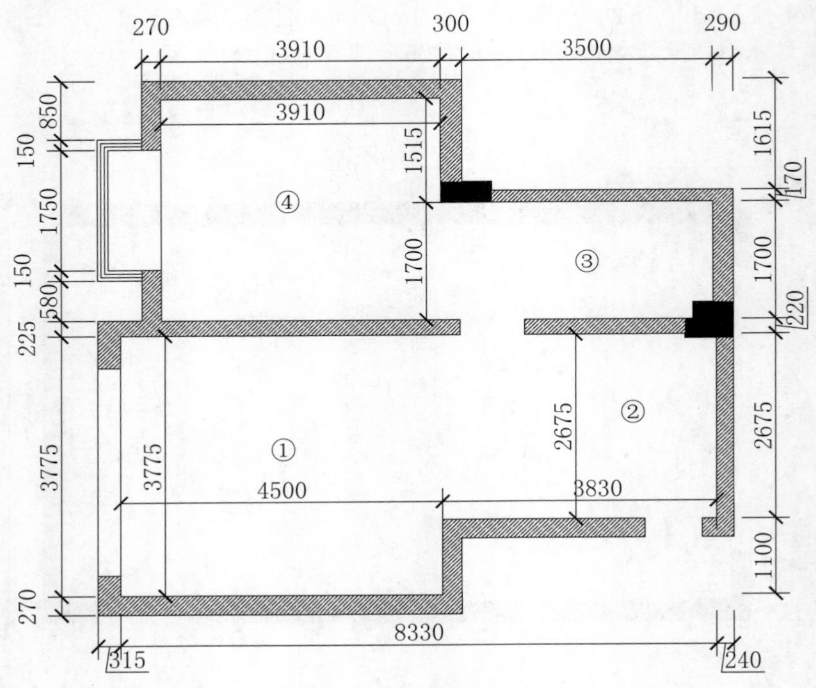

↑某工程平面示意图

解题：

块料面层整体工程量 $=\underbrace{4.5\times3.775}_{①区长度\times宽度}+\underbrace{3.83\times2.675}_{②区长度\times宽度}+\underbrace{(3.5+0.3)\times1.7}_{③区长度\times宽度}+\underbrace{3.91\times(1.515+1.7)}_{④区长度\times宽度}$

$=46.3m^2$

根据做法说明，该块料面层项目产生的工作内容包括找平层铺设、面层铺设及酸洗打蜡。

工程量分别如下。

① 60mm 厚 C20 细石层混凝土找平工程量 $=4.5\times3.775+3.83\times2.675+(3.5+0.3)\times1.7+3.91\times(1.515+1.7)=46.3m^2$。

②全瓷抛光地板砖面层工程量 $=4.5\times3.775+3.83\times2.675+(3.5+0.3)\times1.7+3.91\times(1.515+1.7)=46.3m^2$。

③酸洗打蜡工程量 $=4.5\times3.775+3.83\times2.675+(3.5+0.3)\times1.7+3.91\times(1.515+1.7)=46.3m^2$。

（3）其他面层

某室内平面图如下所示，墙宽度为300mm，地面铺设600mm×75mm×18mm的胡桃木实木地板，木龙骨尺寸为50mm×30mm，间距500mm；踢脚线为同材质定制踢脚线，高度为120mm。计算铺设木地板面层及踢脚线的工程量。

木地板计算规则：按设计图示尺寸以面积计算。门洞、空圈、暖气包槽、壁龛的开口部分并入相应的工程量内。

踢脚线计算规则：踢脚板按设计图示长度乘以高度以面积计算，定制踢脚线按延长米计算。

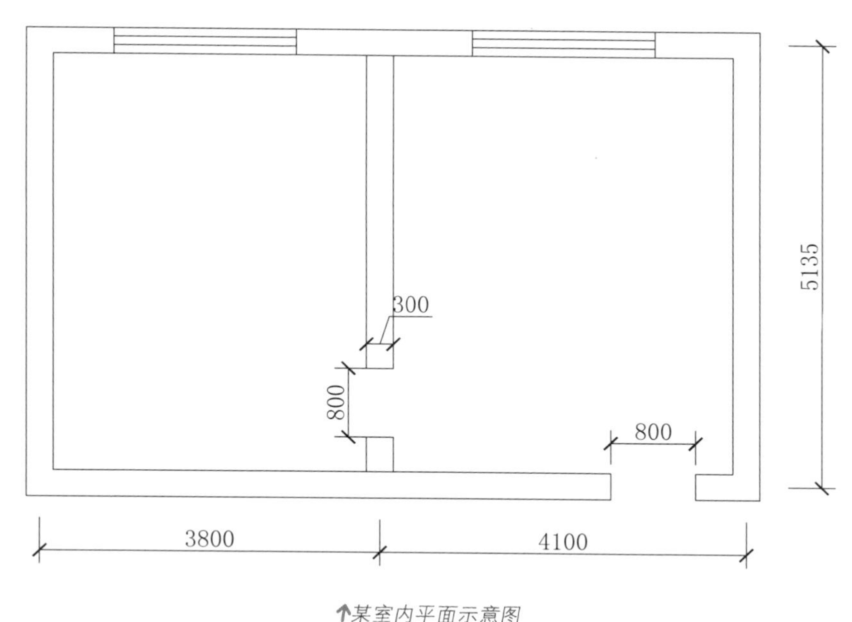

↑某室内平面示意图

解题：

木地板工程量＝地面工程量＋门洞口工程量＝$\underbrace{(3.8-0.15\times2)\times4.835}_{\text{左侧空间长度×宽度＝左侧空间面积}}+\underbrace{(4.1-0.15\times2)}_{\text{右侧空间长度}}$

$\underbrace{\times(5.135-0.3)}_{\text{×宽度＝右侧空间面积}}+\underbrace{0.8\times0.3}_{\text{门洞面积}}=35.5\text{m}^2$

踢脚线工程量＝$\underbrace{(3.8+4.1-0.3\times2)\times2}_{\text{空间长度×2}}+\underbrace{(5.135-0.3)\times4}_{\text{空间宽度×4}}-\underbrace{(0.8\times2+0.8)}_{\text{门洞总长度}}=31.5\text{m}$

思考与巩固

1. 楼地面装饰工程都包括哪些基本内容？
2. 每种楼地面工程具体包括哪些项目？工程量计算规则分别是什么？

四、墙、柱面装饰工程工程量的计算

学习目标	本小节重点讲解室内墙、柱面装饰工程工程量的计算。
学习重点	了解室内墙、柱面装饰工程工程量计算的基本内容及计算规则。

1 基本内容

墙柱面装饰工程包括一般抹灰、装饰抹灰、镶贴块料饰面及墙、柱面装饰等内容。

一般抹灰指使用石灰砂浆、水泥砂浆、水泥混合砂浆、聚合物水泥砂浆、麻刀石灰、纸筋石灰、石膏灰等进行的抹灰，根据抹灰材料、抹灰部位、抹灰遍数和基层等分项。

装饰抹灰指具有装饰作用的抹灰工程，其与镶贴块料按面层材料、基层、粘贴材料等分项。

墙、柱面装饰适用于隔墙、隔断以及墙、柱面的龙骨、面层、饰面、木作等工程。墙、柱面装饰内容包括单列的龙骨基层和面层，以及综合龙骨和饰面的项目。龙骨分为木龙骨及各种金属龙骨。

墙、柱面抹灰和各项装饰项目均包括了 3.6m 以下简易脚手架的搭设，一些独立承包的墙面“二次装修”，如果施工高度在 3.6m 以下，不应再计脚手架。

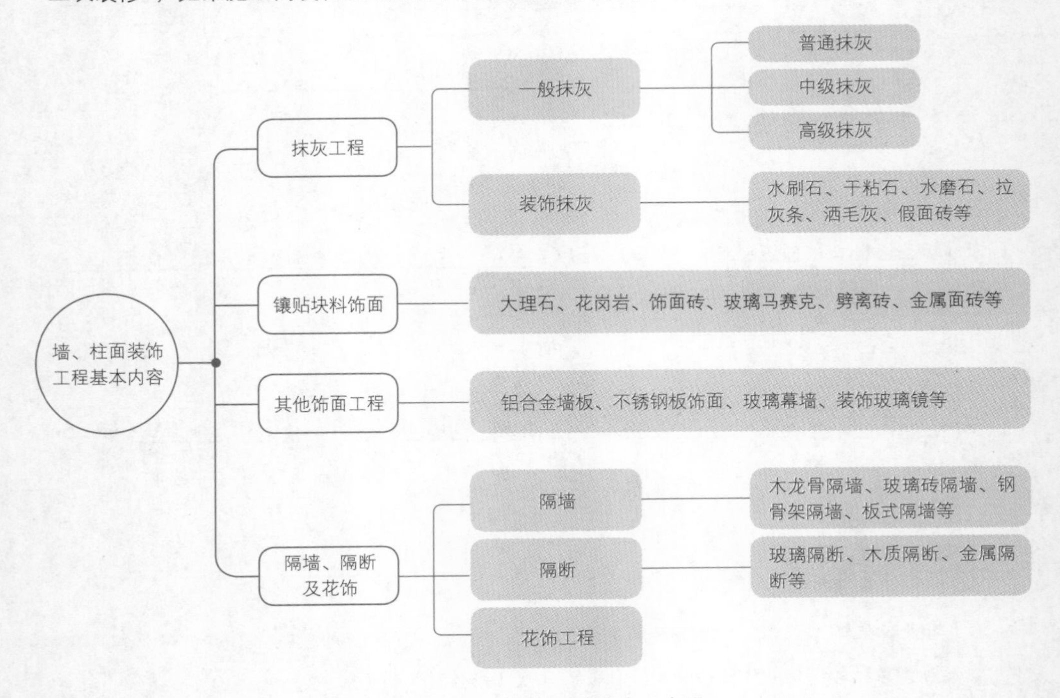

↑墙、柱面装饰工程基本内容示意图

2 计算规则

（1）抹灰工程

墙面抹灰

墙面抹灰包括墙面一般抹灰、墙面装饰抹灰、墙面勾缝及立面砂浆找平层等，具体的项目特征、计量单位、工程量计算规则以及工作内容等，应按照下表来执行。

项目编码 项目名称	项目特征	计量单位	工程量计算规则	工作内容
011201001 墙面一般抹灰	（1）墙体类型 （2）底层厚度、砂浆配合比 （3）面层厚度、砂浆配合比 （4）装饰面材料种类 （5）分格缝宽度、材料种类	m^2	按设计图示尺寸以面积计算。扣除墙裙、门窗洞口及单个 $0.3m^2$ 以上的孔洞面积，不扣除踢脚线、挂镜线和墙与构件交接处的面积，门窗洞口和孔洞的侧壁及顶面不增加面积。附墙柱、梁、垛、烟囱侧壁并入相应的墙面面积内 （1）内墙抹灰面积按主墙间的净长乘以高度计算 ①无墙裙的，高度按室内楼地面至天棚底面计算 ②有墙裙的，高度按墙裙顶至天棚底面计算 （2）内墙裙抹灰面积按内墙净长乘以高度计算 （3）有吊顶的天棚，其高度按室内地面或楼面至天棚底面的垂直距离另加 100mm 计算 （4）窗台线、门窗套、腰线等展开宽度在 300mm 以内者，按装饰线以延长米计算	（1）基层清理 （2）砂浆制作、运输 （3）底层抹灰 （4）抹面层 （5）抹装饰面 （6）勾分格缝
011201002 墙面装饰抹灰				
011201003 墙面勾缝	（1）墙体类型 （2）勾缝类型 （3）勾缝材料种类			（1）基层清理 （2）砂浆制作、运输 （3）勾缝
011201004 立面砂浆找平层	（1）墙体类型 （2）找平的砂浆厚度、配合比			（1）基层清理 （2）砂浆制作、运输 （3）抹灰找平

注：1. 立面砂浆找平项目仅适用于做找平层的墙面抹灰。
2. 飘窗凸出外墙面增加的抹灰不计算工程量，需在综合单价中考虑。

柱（梁）面抹灰

柱（梁）面抹灰包括一般抹灰、装饰抹灰、砂浆找平层及勾缝等，具体的项目特征、计量单位、工程量计算规则以及工作内容等，应按照下表来执行。

项目编码 项目名称	项目特征	计量单位	工程量计算规则	工作内容
011202001 柱（梁）面一般抹灰	（1）柱（梁）体类型 （2）底层厚度、砂浆配合比 （3）面层厚度、砂浆配合比 （4）装饰面材料种类 （5）分格缝宽度、材料种类	m²	按设计图示柱断面周长乘以高度以面积计算	（1）基层清理 （2）砂浆制作、运输 （3）底层抹灰 （4）抹面层 （5）抹装饰面 （6）勾分格缝
011202002 柱（梁）面装饰抹灰				
011202003 柱（梁）面砂浆找平层	（1）柱（梁）体类型 （2）找平的砂浆厚度、配合比			（1）基层清理 （2）砂浆制作、运输 （3）抹灰找平
011202004 柱、梁面勾缝	（1）柱（梁）体类型 （2）勾缝类型 （3）勾缝材料种类			（1）基层清理 （2）砂浆制作、运输 （3）勾缝

注：柱面砂浆找平项目仅适用于做找平层的柱面抹灰。

零星抹灰

零星抹灰包括零星项目一般抹灰、零星项目装饰抹灰和零星项目砂浆找平等，它们的工程量清单项目的设置、项目特征描述的内容、计量单位、工程量计算规则应按照下表来执行。

项目编码 项目名称	项目特征	计量单位	工程量计算规则	工作内容
011203001 零星项目一般抹灰	（1）墙体类型 （2）底层厚度、砂浆配合比 （3）面层厚度、砂浆配合比 （4）装饰面材料种类 （5）分格缝宽度、材料种类	m²	按设计图示尺寸以面积计算	（1）基层清理 （2）砂浆制作、运输 （3）底层抹灰 （4）抹面层 （5）抹装饰面 （6）勾分格缝

项目编码 项目名称	项目特征	计量单位	工程量计算规则	工作内容
011203002 零星项目 装饰抹灰	(1)墙体类型 (2)底层厚度、砂浆配合比 (3)面层厚度、砂浆配合比 (4)装饰面材料种类 (5)分格缝宽度、材料种类	m^2	按设计图示尺寸以面积计算	(1)基层清理 (2)砂浆制作、运输 (3)底层抹灰 (4)抹面层 (5)抹装饰面 (6)勾分格缝
011203003 零星项目 砂浆找平	(1)墙体类型 (2)找平的砂浆厚度、配合比			(1)基层清理 (2)砂浆制作、运输 (3)抹灰找平

(2)镶贴块料工程

墙面块料面层

墙面块料面层包括石材墙面、拼碎石材墙面、块料墙面和干挂石材钢骨架等，它们的工程量清单项目的设置、项目特征描述的内容、计量单位、工程量计算规则应按照下表来执行。

项目编码 项目名称	项目特征	计量单位	工程量计算规则	工作内容
011204001 石材墙面	(1)墙体类型 (2)底层厚度、砂浆配合比 (3)黏结层厚度、材料种类 (4)挂贴方式 (5)干挂方式(膨胀螺栓、钢龙骨) (6)面层材料品种、规格、品牌、颜色 (7)缝宽、嵌缝材料种类 (8)防护材料种类 (9)磨光、酸洗、打蜡要求	m^2	按设计图示尺寸以镶贴表面积计算	(1)基层清理 (2)砂浆制作、运输 (3)底层抹灰 (4)结合层铺贴 (5)面层铺贴 (6)面层挂贴 (7)面层干挂 (8)嵌缝 (9)刷防护材料 (10)磨光、酸洗、打蜡
011204002 碎拼石材墙面				
011204003 块料墙面				

续表

项目编码 项目名称	项目特征	计量单位	工程量计算规则	工作内容
011204004 干挂石材钢骨架	(1)骨架种类、规格 (2)防锈漆品种、遍数	t	按设计图示以质量计算	(1)骨架制作、运输、安装 (2)刷漆

注：1. 在描述碎石材项目的面层材料特征时可不用描述规格、品牌、颜色。
2. 石材、块料与黏结材料的结合面刷防渗材料的种类在防滑层材料种类中描述。
3. 安装方式可描述为砂浆或黏结剂粘贴、挂贴、干挂等，无论哪种安装方式，都要详细描述与组价相关的内容。

柱（梁）面镶贴块料

柱（梁）面镶贴块料包括石材柱面、块料柱面、拼碎石材柱面、石材梁面和块料梁面等，它们的工程量清单项目的设置、项目特征描述的内容、计量单位、工程量计算规则应按照下表来执行。

项目编码 项目名称	项目特征	计量单位	工程量计算规则	工作内容
011205001 石材柱面	(1)柱截面类型、尺寸 (2)安装方式 (3)面层材料品种、规格、品牌、颜色 (4)缝宽、嵌缝材料种类 (5)防护材料种类 (6)磨光、酸洗、打蜡要求	m^2	按镶贴表面积计算	(1)基层清理 (2)砂浆制作、运输 (3)黏结层铺贴 (4)面层安装 (5)嵌缝 (6)刷防护材料 (7)磨光、酸洗、打蜡
011205002 块料柱面				
011205003 拼碎石材柱面				
011205004 石材梁面	(1)安装方式 (2)面层材料品种、规格、颜色 (3)缝宽、嵌缝材料种类 (4)防护材料种类 (5)磨光、酸洗、打蜡要求			
011205005 块料梁面				

注：1. 在描述碎石材项目的面层材料特征时可不用描述规格、品牌、颜色。
2. 石材、块料与黏结材料的结合面刷防渗材料的种类在防滑层材料种类中描述。

镶贴零星块料

镶贴零星块料包括石材零星项目、块料零星项目和拼碎块零星项目等，它们的工程量清单项目的设置、项目特征描述的内容、计量单位、工程量计算规则应按照下表来执行。

项目编码 项目名称	项目特征	计量单位	工程量计算规则	工作内容
011206001 石材零星项目	（1）安装方式 （2）面层材料品种、规格、品牌、颜色 （3）缝宽、嵌缝材料种类 （4）防护材料种类 （5）磨光、酸洗、打蜡要求	m^2	按镶贴表面积计算	（1）基层清理 （2）砂浆制作、运输 （3）面层安装 （4）嵌缝 （5）刷防护材料 （6）磨光、酸洗、打蜡
011206002 块料零星项目				
011206003 拼碎块零星项目				

注：1. 在描述碎石材项目的面层材料特征时可不用描述规格、品牌、颜色。
2. 石材、块料与黏结材料的结合面刷防渗材料的种类在防滑层材料种类中描述。
3. 零星项目干挂石材的钢骨架按表中相应的项目编码列项。
4. 墙柱面≤$0.5m^2$的少量分散的镶贴块料面层应按零星项目执行。

（3）墙、柱面饰面

墙、柱面饰面板主要包括木质板材饰面、金属板材饰面等，它们的工程量清单项目的设置、项目特征描述的内容、计量单位、工程量计算规则应按照下表来执行。

项目编码 项目名称	项目特征	计量单位	工程量计算规则	工作内容
011207001 木质板材饰面	（1）龙骨材料种类、规格、中距 （2）隔离层材料种类、规格 （3）基层材料种类、规格 （4）面层材料种类、规格、颜色 （5）压条材料种类、规格	m^2	按镶贴表面积计算	（1）基层清理 （2）砂浆制作、运输 （3）面层安装 （4）嵌缝 （5）刷防护材料 （6）磨光、酸洗、打蜡
011208002 金属板材饰面				

（4）幕墙工程

幕墙工程主要包括带骨架幕墙和全玻璃（无框玻璃）幕墙等，它们的工程量清单项目的设置、项目特征描述的内容、计量单位、工程量计算规则应按照下表来执行。

项目编码 项目名称	项目特征	计量单位	工程量计算规则	工作内容
011209001 带骨架幕墙	（1）骨架材料种类、规格、中距 （2）面层材料种类、规格 （3）面层固定方式 （4）隔离带、框边封闭材料种类、规格 （5）嵌缝、塞口材料种类	m^2	按设计图示框外围尺寸以面积计算。与幕墙同种材质的窗所占面积不扣除	（1）骨架制作、运输、安装 （2）面层安装 （3）隔离带、框边封闭 （4）嵌缝、塞口 （5）清洗
011209002 全玻璃（无框玻璃）幕墙	（1）玻璃品种、规格、颜色 （2）黏结塞口材料种类 （3）固定方式		按设计图示尺寸以面积计算。带肋全玻璃幕墙按展开面积计算	（1）幕墙安装 （2）嵌缝、塞口 （3）清洗

（5）隔断工程

隔断工程主要包括木隔断、玻璃隔断、塑料隔断和成品隔断等，它们的工程量清单项目的设置、项目特征描述的内容、计量单位、工程量计算规则应按照下表来执行。

项目编码 项目名称	项目特征	计量单位	工程量计算规则	工作内容
011210001 木隔断	（1）骨架、边框材料种类、规格 （2）隔板材料品种、规格、颜色 （3）嵌缝、塞口材料品种 （4）压条材料种类	m^2	按设计图示框外围尺寸以面积计算。不扣除单个 $\leqslant 0.3m^2$ 的孔洞所占面积；浴厕门的材质与隔断相同时，门的面积并入隔断面积内	（1）骨架制作、运输、安装 （2）面层安装 （3）隔离带、框边封闭 （4）嵌缝、塞口 （5）清洗

续表

项目编码 项目名称	项目特征	计量单位	工程量计算规则	工作内容
011210002 玻璃隔断	（1）边框材料种类、颜色 （2）玻璃品种、规格、颜色 （3）嵌缝、塞口材料品种	m^2	按设计图示框外围尺寸以面积计算，不扣除单个≤0.3m^2的孔洞所占面积	（1）边框制作、运输、安装 （2）玻璃制作、运输、安装 （3）嵌缝、塞口
011210003 塑料隔断	（1）边框材料种类、颜色 （2）隔板材料品种、规格、颜色 （3）嵌缝、塞口材料品种			（1）骨架及边框制作、运输、安装 （2）隔板制作、运输、安装 （3）嵌缝、塞口
011210004 成品隔断	（1）隔断材料品种、规格、颜色 （2）配件品种、规格	（1）m^2 （2）间	（1）按设计图示框外围尺寸以面积计算 （2）按设计间的数量以间计算	（1）隔断运输、安装 （2）嵌缝、塞口
011210005 其他隔断	（1）骨架、边框材料种类、规格 （2）隔板材料品种、规格、颜色 （3）嵌缝、塞口材料品种	m^2	按设计图示框外围尺寸以面积计算，不扣除单个≤0.3m^2的孔洞所占面积	（1）骨架及边框制作、运输、安装 （2）隔板安装 （3）嵌缝、塞口

3 实例解读

（1）墙面抹灰工程

某工程（如下图所示）内墙面抹水泥砂浆，底层为14mm厚的1：3水泥砂浆打底，面层为6mm厚的1：2.5水泥砂浆抹面，室内有窗1个，尺寸为1900mm×3360mm；门1个，尺寸为800mm×2000mm，计算内墙面抹灰工程量。

计算规则：按设计图示尺寸以面积计算。扣除墙裙、门窗洞口及单个0.3m^{2}以上的孔洞面积，不扣除踢脚线、挂镜线和墙与构件交接处的面积，门窗洞口和孔洞的侧壁及顶面不增加面积。附墙柱、梁、垛、烟囱侧壁并入相应的墙面面积内。

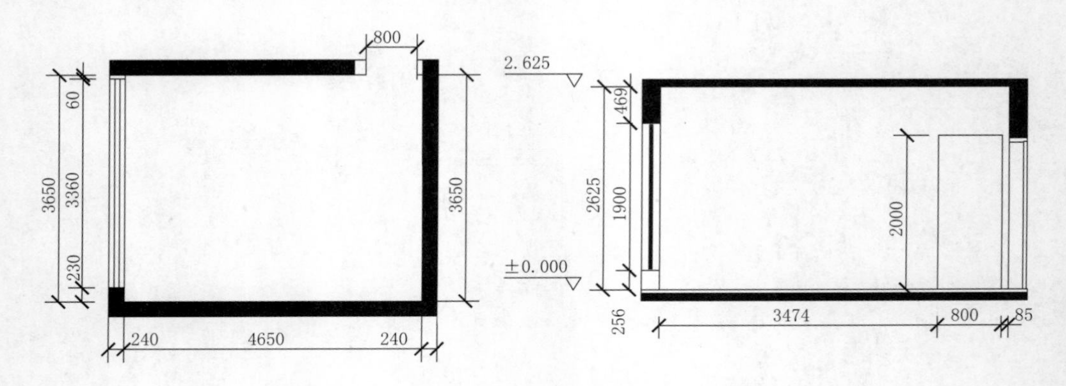

↑某工程平面及立面示意图

解题：

$$内墙面抹灰工程量=\underset{室内墙面的周长}{\underline{(4.65\times2+3.65\times2)}}\times\underset{室内高度}{\underline{2.625}}-\underset{门的面积}{\underline{0.8\times2}}-\underset{窗的面积}{\underline{3.36\times1.9}}=35.6m^2$$

根据做法说明，该墙面抹灰工程产生的工作内容包括砂浆打底及砂浆抹面。

工程量分别如下。

① 14mm厚的1：3水泥砂浆打底工程量=（4.65×2＋3.65×2）×2.625 －0.8×2－3.36×1.9=35.6m^2。

② 6mm厚的1：2.5水泥砂浆抹面工程量=（4.65×2＋3.65×2）×2.625 －0.8×2－3.36×1.9=35.6m^2。

（2）墙面块料面层

某别墅次卫生间（如下图所示）墙面及柱面用水泥砂浆粘贴马赛克，柱子厚度为200mm，计算卫生间内马赛克铺贴的总工程量。

墙面块料镶贴计算规则：墙面镶贴块料面层按图示尺寸的实贴面积计算，工程量=图示长度×装饰高度。

柱面块料镶贴计算规则：柱面镶贴块料面层按块料外围周长乘以装饰高度以面积计算，工程量=柱装饰块料外围周长×装饰高度。

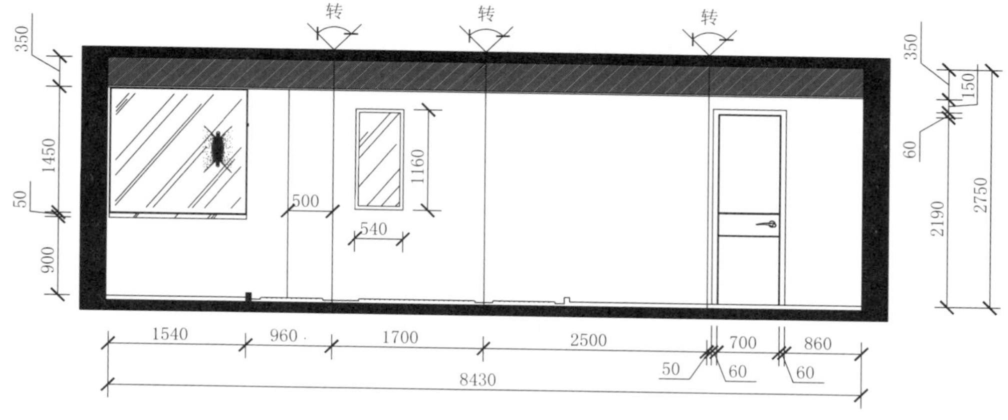

↑某别墅次卫生间立面展开示意图

解题：

墙面马赛克铺贴工程量 $=\underbrace{8.43\times2.75}_{\text{空间墙面面积}}-\underbrace{(0.7+0.06\times2)\times(2.19+0.06)}_{\text{门的宽度}\times\text{高度}=\text{门的面积}}-\underbrace{0.54\times1.16}_{\text{窗的面积}}-\underbrace{1.54\times(1.45+0.05)}_{\text{镜子的面积}}-\underbrace{0.5\times2.75}_{\text{柱子的立面面积}}=17\text{m}^2$

柱面马赛克铺贴工程量 $=\underbrace{(0.5+0.2\times2)}_{\text{柱子的周长}}\times\underbrace{2.75}_{\text{柱子的高度}}=2.48\text{m}^2$

次卫生间总体马赛克铺贴工程量 = 墙面马赛克铺贴工程量 + 柱面马赛克铺贴工程量 $=17\text{m}^2+2.48\text{m}^2=19.48\text{m}^2$

（3）墙面块料面层

某工程弧形内墙，采用素水泥浆不留缝的方式粘贴尺寸为 600mm×300mm 的文化石，其中，顶端弧边长为 6m，室内净高度为 2.8m，计算该弧形墙墙面工程的工程量以及文化石用量（损耗率为 8%）。

解题：

弧形墙墙面工程的工程量 $=6.0\times2.8=16.8\text{m}^2$

文化石的用量 $=16.8\div(\underbrace{0.6\times0.3}_{\text{一块文化石的面积}})\div(\underbrace{1-0.08}_{\text{去掉损耗的比率}})=101.4\approx102$ 块

思考与巩固

1. 墙、柱面装饰工程包括哪些基本内容？

2. 每种墙、柱面工程具体包括哪些项目？工程量计算规则分别是什么？

五、顶棚装饰工程工程量的计算

学习目标	本小节重点讲解室内顶棚装饰工程工程量的计算。
学习重点	了解室内顶棚装饰工程工程量计算的基本内容及计算规则。

1 基本内容

顶棚装饰工程包括天棚抹灰、天棚吊顶、采光天棚、天棚其他装饰等部分。

吊顶天棚包括顶棚龙骨与顶棚面层两个部分，预算中应分别列项，按相应的设计项目配套使用。

龙骨及饰面部分则综合了骨架和面层，各项目中包括了龙骨和饰面的工料。

吊顶龙骨按其吊挂方式的不同分为双层龙骨和单层龙骨两种。龙骨底面不在同一水平面、下层紧贴上层的为双层龙骨；龙骨在同一水平面的为单层龙骨。造型顶棚分一级和多级天棚，顶棚面层在同一标高的为一级顶棚，顶棚面层不在同一标高且高差在 200mm 以上者，称为二级或三级顶棚。

顶棚龙骨中，对剖圆木棱、方木棱按主棱跨度 3m 以内、4m 以内划分。

轻钢龙骨和铝合金龙骨按一级天棚和多级天棚分别列项，同时，按面层规格 300mm、450mm、600mm 和 600mm 以上四个规格划分。

定额龙骨是按常用材料及规格组合编制的，如果与设计规定不同，可以换算，人工费不变。二级或三级以上的造型天棚，套用其面层定额时，面层人工费乘以系数 1.3。

顶棚装饰工程项目已经包括了 3.6m 以下简易脚手架的搭设及拆除。

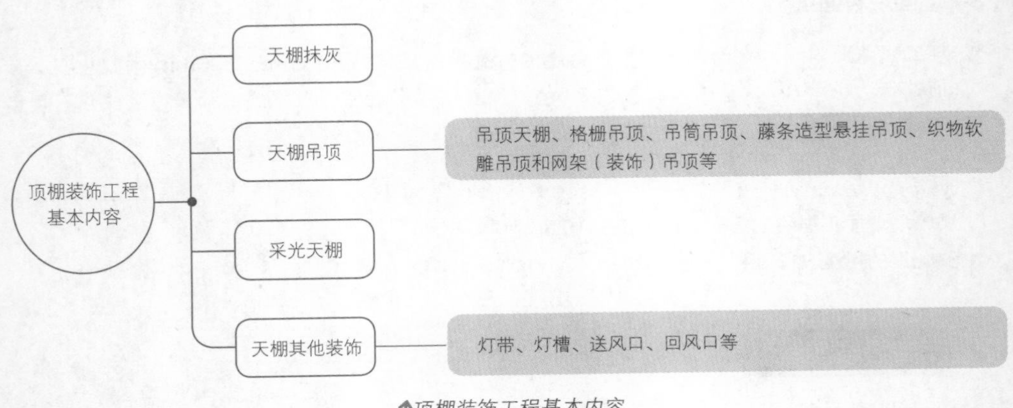

↑顶棚装饰工程基本内容

2 计算规则

（1）天棚抹灰

天棚抹灰的工程量清单项目的设置、项目特征描述的内容、计量单位、工程量计算规则应按照下表来执行。

项目编码 项目名称	项目特征	计量单位	工程量计算规则	工作内容
011301001 天棚抹灰	（1）基层类型 （2）抹灰厚度、材料种类 （3）砂浆配合比	m^2	按设计图示尺寸以水平投影面积计算。不扣除间壁墙、垛柱、附墙烟囱、检查口和管道所占面积，带梁天棚梁两侧抹灰面积并入天棚面积内，板式楼梯地面抹灰按斜面积计算，锯齿形楼梯底板抹灰按展开面积计算	（1）基层清理 （2）底层抹灰 （3）抹面层

（2）天棚吊顶

天棚吊顶包括吊顶天棚、格栅吊顶、吊筒吊顶、藤条造型悬挂吊顶、织物软雕吊顶和网架（装饰）吊顶等，它们的工程量清单项目的设置、项目特征描述的内容、计量单位、工程量计算规则应按照下表来执行。

项目编码 项目名称	项目特征	计量单位	工程量计算规则	工作内容
011302001 吊顶天棚	（1）吊顶形式、吊杆高度、规格 （2）龙骨材料种类、规格、中距 （3）基层材料种类、规格 （4）面层材料种类、规格、颜色 （5）压条材料种类、规格 （6）嵌缝材料种类 （7）防护材料种类	m^2	按设计图示尺寸以水平投影面积计算。天棚中的灯槽及跌级、锯齿形、吊挂式、藻井式天棚面积不展开计算。不扣除间壁墙、检查口附墙烟囱、垛柱和管道所占面积，扣除单个＞$0.3m^2$的孔洞、独立柱与天棚相连的窗帘盒所占的面积	（1）基层清理、吊杆安装 （2）龙骨安装 （3）基层板铺贴 （4）面层铺贴 （5）嵌缝 （6）刷防护材料

续表

项目编码 项目名称	项目特征	计量 单位	工程量计算规则	工作内容
011302002 格栅吊顶	（1）龙骨材料种类、规格、中距 （2）基层材料种类、规格 （3）面层材料种类、规格 （4）防护材料种类	m^2	按设计图示尺寸以水平投影面积计算	（1）边框制作、运输、安装 （2）玻璃制作、运输、安装 （3）嵌缝、塞口
011302003 吊筒吊顶	（1）吊顶形状、规格 （2）吊筒材料种类 （3）防护材料种类			（1）基层清理 （2）吊筒制作、安装 （3）刷防护材料
011302004 藤条造型悬挂吊顶	（1）骨架材料种类、规格 （2）面层材料种类、规格			（1）基层清理 （2）龙骨安装 （3）铺贴面层
011302005 织物软雕吊顶				
011302006 网架（装饰）吊顶	网架材料品种、规格			（1）基层清理 （2）网架制作、安装

（3）采光天棚

采光天棚的工程量清单项目的设置、项目特征描述的内容、计量单位、工程量计算规则应按照下表来执行。

项目编码 项目名称	项目特征	计量 单位	工程量计算规则	工作内容
011303001 采光天棚	（1）骨架类型 （2）固定类别、固定材料品种、规格 （3）面层材料品种、规格 （4）嵌缝、塞口材料种类	m^2	按框外围展开面积计算	（1）清理基层 （2）面层制作、安装 （3）嵌缝、塞口 （4）清洗

（4）天棚其他装饰

天棚其他装饰主要包括灯带（槽）、送风口、回风口等，它们的工程量清单项目的设置、项目特征描述的内容、计量单位、工程量计算规则应按照下表来执行。

项目编码 项目名称	项目特征	计量单位	工程量计算规则	工作内容
011304001 灯带（槽）	（1）灯带形式、尺寸 （2）格栅片材料品种、规格 （3）安装固定方式	m^2	按设计图示尺寸以框外围展开面积计算	安装、固定
011304002 送风口、回风口	（1）风口材料品种、规格 （2）安装固定方式 （3）防护材料种类	个	按设计图示数量计算	（1）安装、固定 （2）刷防护材料

3 实例解读

某房间净尺寸为 5.6m×8.3m，使用木龙骨硅酸钙板吊平顶，四周采用 50mm×50mm 的石膏顶角线，面层批两遍腻子，面层喷涂白色乳胶漆三遍，计算该顶棚各项目的工程量。

吊顶天棚计算规则：按设计图示尺寸以水平投影面积计算。

顶角线计算规则：按设计图示尺寸以周长计算。

解题：

根据做法说明，该天棚工程产生的工作内容包括硅酸钙板吊顶、批刮腻子、乳胶漆面层及石膏顶角线。

工程量分别如下。

①硅酸钙板的工程量 $=5.6\times8.3=46.48m^2$。

②批刮腻子的工程量 $=5.6\times8.3=46.48m^2$。

③面层乳胶漆的工程量 $=5.6\times8.3=46.48m^2$。

④石膏顶角线的工程量 $=(5.6+8.3)\times2=27.8m$。

思考与巩固

1. 顶棚装饰工程包括哪些基本内容？

2. 每种顶棚工程具体包括哪些项目？工程量计算规则分别是什么？

六、门窗装饰工程工程量的计算

学习目标	本小节重点讲解室内门窗装饰工程工程量的计算。
学习重点	了解室内门窗装饰工程工程量计算的基本内容及计算规则。

1 基本内容

随着科技发展和人们经济水平的提升，门窗已从单纯的普通型向兼具功能和美观双重性质的方向发展，种类也越来越多。总体来说，门窗可分为普通木门、厂库房大门、特种门、普通木窗、铝合金门窗、塑料门窗、钢门窗等，另外还有铝合金踢脚板及门锁等配件。

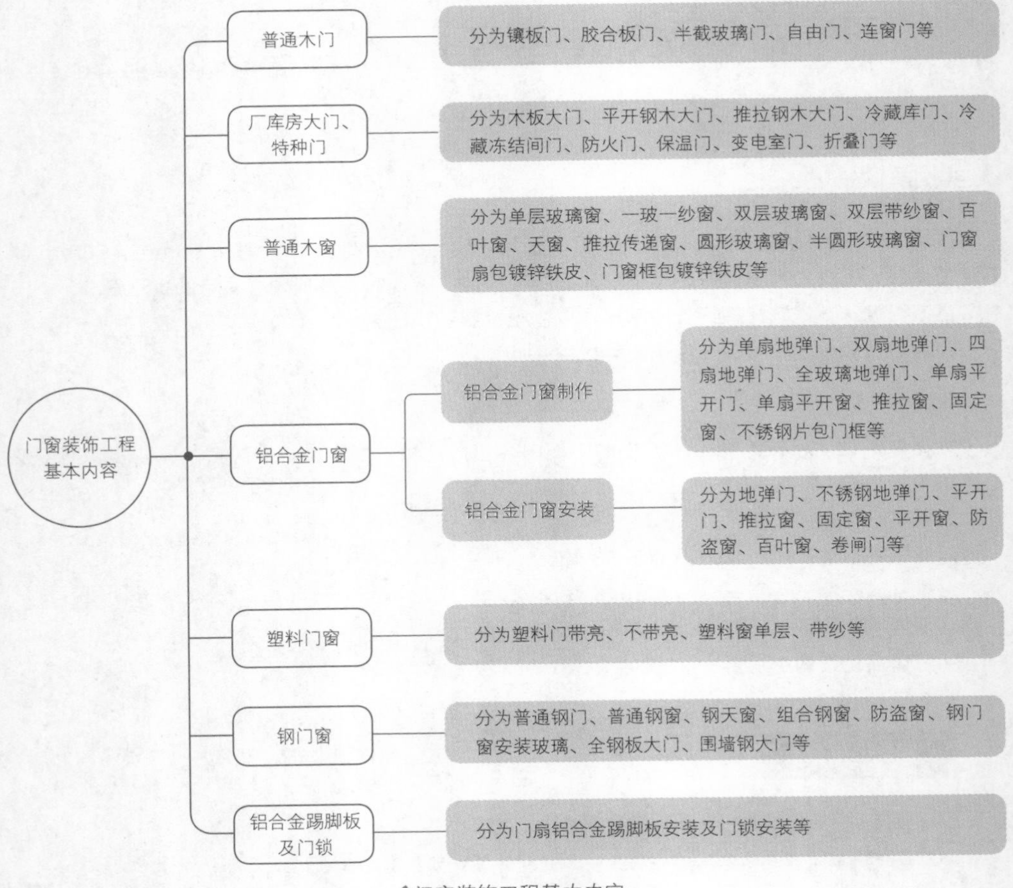

↑门窗装饰工程基本内容

门窗装饰工程的每一个分类中又包含一些详细的项目划分方式，具体如下。

①普通木门：每一类又按带纱或不带纱、单扇或双扇、带亮或不带亮等来划分项目，将门框制作、门框安装、门扇制作、门扇安装分别列项，可单独计算，也可合并计算。

②厂库房大门、特种门：按平开或推拉、带采光窗或不带采光窗、一面板或二面板（防风型、防严寒两种）、保温层厚 100mm 或 150mm、实拼式或框架式等方法划分项目；将门扇制作和门扇安装、门模制作安装和门扇制作安装、衬石棉板（单、双）或不衬石棉板分别列项。

③普通木窗：每一部分又可分为单扇无亮、双扇带亮、三扇带亮、四扇带亮、带木百叶片等。

④铝合金门窗：每一种又按无上亮或带上亮、无侧亮或带侧亮或带顶窗等方法划分项目。

⑤钢门窗：按单层或带纱、平开式或推拉式或折叠门、钢管框铁丝网或角钢框铁丝网等方法划分项目；将钢大门的门扇制作和门扇安装分别列项。

2 计算规则

（1）门

木门

木门主要包括木质门、木质门带套、木质连窗门、木质防火门、木门框和门锁安装等，它们的工程量清单项目设置、项目特征描述、计量单位、工程量计算规则应按照下表来执行。

<table>
<tr><th>项目编码
项目名称</th><th>项目特征</th><th>计量
单位</th><th>工程量计算规则</th><th>工作内容</th></tr>
<tr><td>010801001
木质门</td><td rowspan="3">（1）门代号及门洞尺寸
（2）镶嵌玻璃品种、厚度</td><td rowspan="5">（1）樘
（2）m^2</td><td rowspan="5">（1）以樘计量，按设计图示数量计算
（2）以平方米计量，按设计图示洞口尺寸以面积计算</td><td rowspan="4">（1）门安装
（2）玻璃安装
（3）五金安装</td></tr>
<tr><td>010801002
木质门带套</td></tr>
<tr><td>010801003
木质连窗门</td></tr>
<tr><td>010801004
木质防火门</td><td>（1）门代号及门洞尺寸
（2）镶嵌玻璃品种、厚度</td></tr>
<tr><td>010801005
木门框</td><td>（1）门代号及门洞尺寸
（2）框截面尺寸
（3）防护材料种类</td><td>（1）木门框制作、安装
（2）运输
（3）五金安装</td></tr>
</table>

续表

项目编码 项目名称	项目特征	计量 单位	工程量计算规则	工作内容
010801006 门锁安装	(1)锁品种 (2)锁规格	个 (套)	按设计图示数量计算	安装

注：1.木质门应区分镶板木门、企口木板门、实木装饰门、胶合板门、夹板装饰门、木纱门、全玻璃门(带木质扇框)、木质半玻璃门(带木质扇框)等项目，分别编码列项。
2.木门五金应包括折页、插销、门碰珠、弓背拉手、搭机、木螺栓、弹簧折页(自动门)、管子拉手(自由门、地弹门)、地弹簧(地弹门)、角铁、门轧头(地弹门、自由门)等。
3.木质门带套计量按洞口尺寸以面积计算，不包括门套的面积。
4.以樘计量，项目特征必须描述洞口尺寸，以平方米计量，项目特征可不描述洞口尺寸。
5.单独制作安装木门框按木门框项目编码列项。

金属门

金属门主要包括金属(塑钢)门、彩板门、钢质防火门、防盗门等，它们的工程量清单项目设置、项目特征描述、计量单位、工程量计算规则应按照下表来执行。

项目编码 项目名称	项目特征	计量 单位	工程量计算规则	工作内容
010802001 金属(塑钢)门	(1)门代号及门洞尺寸 (2)门框或扇外围尺寸 (3)门框、扇材质 (4)玻璃品种、厚度	(1)樘 (2)m^2	(1)以樘计量，按设计图示数量计算 (2)以平方米计量，按设计图示洞口尺寸以面积计算	(1)门安装 (2)五金安装 (3)玻璃安装
010802002 彩板门	(1)门代号及门洞尺寸 (2)门框或扇外围尺寸			
010802003 钢质防火门	(1)门代号及门洞尺寸 (2)门框或扇外围尺寸 (3)门框、扇材质			
010802004 防盗门	(1)门代号及门洞尺寸 (2)门框或扇外围尺寸 (3)门框、扇材质			(1)门安装 (2)五金安装

注：1.金属门应区分金属平开门、金属推拉门、金属地弹门、全玻璃门(带金属扇框)、金属半玻璃门(带扇框)等项目，分别编码列项。
2.铝合金门五金包括地弹簧、门锁、拉手、门插、门铰、螺栓等。
3.其他金属门五金包括 L 形执手插锁(双舌)、执手锁(单舌)、门轧头、地锁、防盗门机、门眼(猫眼)、门碰珠、电子锁(磁卡锁)、闭门器、装饰拉手等。
4.以樘计量，项目特征必须描述洞口尺寸，没有洞口尺寸必须描述门框或扇外围尺寸，以平方米计量，项目特征可不描述洞口尺寸及框、扇的外围尺寸。
5.以平方米计量，无设计图示洞口尺寸，按门框、扇外围以面积计算。

卷帘（闸）门

卷帘（闸）门主要包括金属卷帘（闸）门、防火卷帘（闸）门，它们的工程量清单项目设置、项目特征描述、计量单位、工程量计算规则应按照下表来执行。

项目编码 项目名称	项目特征	计量单位	工程量计算规则	工作内容
010803001 金属卷帘（闸）门	（1）门代号及门洞尺寸 （2）门材质 （3）启动装置品种、规格	（1）樘 （2）m^2	（1）以樘计量，按设计图示数量计算 （2）以平方米计量，按设计图示洞口尺寸以面积计算	（1）门运输、安装 （2）自动装置、活动小门、五金安装
010803002 防火卷帘（闸）门				

注：以平方米计量，无设计图示洞口尺寸，按门框、扇外围以面积计算。

厂库房大门

厂库房大门主要包括木板大门、钢木大门、全钢板大门、防护铁丝门、金属格栅门、钢质花饰大门和特种门等，它们的工程量清单项目设置、项目特征描述、计量单位、工程量计算规则应按照下表来执行。

项目编码 项目名称	项目特征	计量单位	工程量计算规则	工作内容
010804001 木板大门	（1）门代号及门洞尺寸 （2）门框或扇外围尺寸 （3）门框、扇材质 （4）五金种类、规格 （5）防护材料种类	（1）樘 （2）m^2	（1）以樘计量，按设计图示数量计算 （2）以平方米计量，按设计图示洞口尺寸以面积计算	（1）门（骨架）制作、运输 （2）门五金、配件安装 （3）刷防护材料
010804002 钢木大门				
010804003 全钢板大门				
010804004 防护铁丝门			（1）以樘计量，按设计图示数量计算 （2）以平方米计量，按设计图示门框或扇以面积计算	

续表

项目编码 项目名称	项目特征	计量单位	工程量计算规则	工作内容
010804005 金属格栅门	(1)门代号及门洞尺寸 (2)门框或扇外围尺寸 (3)门框、扇材质 (4)启动装置的品种、规格	(1)樘 (2)m^2	(1)以樘计量，按设计图示数量计算 (2)以平方米计量，按设计图示洞口尺寸以面积计算	(1)门安装 (2)启动装置、五金配件安装
010804006 钢质花饰大门	(1)门代号及门洞尺寸 (2)门框或扇外围尺寸 (3)门框、扇材质		(1)以樘计量，按设计图示数量计算 (2)以平方米计量，按设计图示门框或扇以面积计算	(1)门安装 (2)五金配件安装
010804007 特种门			(1)以樘计量，按设计图示数量计算 (2)以平方米计量，按设计图示洞口尺寸以面积计算	

注：1.特种门应区分冷藏门、冷冻间门、保温门、变电室门、隔声门、防射电门、人防门、金库门等项目，分别编码列项。

2.以樘计量，项目特征必须描述洞口尺寸，没有洞口尺寸必须描述门框或扇外围尺寸，以平方米计量，项目特征可不描述洞口尺寸及框、扇的外围尺寸。

3.以平方米计量，无设计图示洞口尺寸，按门框、扇外围以面积计算。

4.门开启方式是指推拉或平开。

其他门

其他门主要有平开电子感应门、旋转门、电子对讲门、电动伸缩门、全玻璃自由门和镜面不锈钢饰面门等，它们的工程量清单项目设置、项目特征描述、计量单位、工程量计算规则应按照下表来执行。

项目编码 项目名称	项目特征	计量单位	工程量计算规则	工作内容
010805001 平开电子感应门	(1)门代号及门洞尺寸 (2)门框或扇外围尺寸 (3)门框、扇材质 (4)玻璃品种、厚度 (5)启动装置的品种、规格 (6)电子配件品种、规格	(1)樘 (2)m^2	(1)以樘计量，按设计图示数量计算 (2)以平方米计量，按设计图示洞口尺寸以面积计算	(1)门安装 (2)启动装置、五金、电子配件安装
010805002 旋转门				

续表

<table>
<tr><th>项目编码
项目名称</th><th>项目特征</th><th>计量
单位</th><th>工程量计算规则</th><th>工作内容</th></tr>
<tr><td>010805003
电子对讲门</td><td rowspan="2">（1）门代号及门洞尺寸
（2）门框或扇外围尺寸
（3）门材质
（4）玻璃品种、厚度
（5）启动装置的品种、规格
（6）电子配件品种、规格</td><td rowspan="4">（1）樘
（2）m^2</td><td rowspan="4">（1）以樘计量，按设计图示数量计算
（2）以平方米计量，按设计图示洞口尺寸以面积计算</td><td rowspan="2">（1）门安装
（2）启动装置、五金、电子配件安装</td></tr>
<tr><td>010805004
电动伸缩门</td></tr>
<tr><td>010805005
全玻璃自由门</td><td rowspan="2">（1）门代号及门洞尺寸
（2）门框或扇外围尺寸
（3）框材质
（4）玻璃品种、厚度</td><td>（1）门安装
（2）五金安装</td></tr>
<tr><td>010805006
镜面不锈钢饰面门</td><td>（1）门安装
（2）启动装置、五金、电子配件安装</td></tr>
</table>

注：1. 以樘计量，项目特征必须描述洞口尺寸，没有洞口尺寸必须描述门框或扇外围尺寸，以平方米计量，项目特征可不描述洞口尺寸及框、扇的外围尺寸。

2. 以平方米计量，无设计图示洞口尺寸，按门框、扇外围以面积计算。

（2）窗

木窗

木窗主要包括木质窗、木橱窗、木飘（凸）窗、木质成品窗等，它们的工程量清单项目设置、项目特征描述、计量单位、工程量计算规则应按照下表来执行。

项目编码 项目名称	项目特征	计量 单位	工程量计算规则	工作内容
010806001 木质窗	（1）窗代号及洞口尺寸 （2）玻璃品种、厚度 （3）防护材料种类	（1）樘 （2）m^2	（1）以樘计量，按设计图示数量计算 （2）以平方米计量，按设计图示洞口尺寸以面积计算	（1）窗制作、运输、安装 （2）五金、玻璃安装 （3）刷防护材料

续表

项目编码 项目名称	项目特征	计量单位	工程量计算规则	工作内容
010806002 木橱窗	（1）窗代号及洞口尺寸 （2）框截面积及外围展开面积 （3）玻璃品种、厚度 （4）防护材料种类	（1）樘 （2）m^2	（1）以樘计量，按设计图示数量计算 （2）以平方米计量，按设计图示以框外围展开面积计算	（1）窗制作、运输、安装 （2）五金、玻璃安装 （3）刷防护材料
010806003 木飘（凸）窗				
010806004 木质成品窗	（1）窗代号及洞口尺寸 （2）玻璃品种、厚度		（1）以樘计量，按设计图示数量计算 （2）以平方米计量，按设计图示洞口尺寸以面积计算	（1）窗安装 （2）五金、玻璃安装

注：1.木质窗应区分木百叶窗、木组合窗、木天窗、木固定窗、木装饰空花窗等项目，分别编码列项。

2.以樘计量，项目特征必须描述洞口尺寸，没有洞口尺寸必须描述窗框外围尺寸，以平方米计量，项目特征可不描述洞口尺寸及框的外围尺寸。

3.以平方米计量，无设计图示洞口尺寸，按窗框外围以面积计算。

4.木橱窗、木飘（凸）窗以樘计量，项目特征必须描述框截面及外围展开尺寸。

5.木窗五金包括折页、插销、风钩、木螺栓、滑楼滑轨（推拉窗）等。

6.窗开启方式是指平开、推拉、上悬或中悬。

7.窗形状是指矩形或异形。

金属窗

金属窗主要包括金属（塑钢、断桥）窗、金属防火窗、金属百叶窗、金属纱窗、金属格栅窗、金属（塑钢、断桥）橱窗和金属（塑钢、断桥）橱飘（凸）窗、彩板窗等，它们的工程量清单项目设置、项目特征描述、计量单位、工程量计算规则应按照下表来执行。

项目编码 项目名称	项目特征	计量单位	工程量计算规则	工作内容
010807001 金属（塑钢、断桥）窗	（1）窗代号及洞口尺寸 （2）框、扇材质 （3）玻璃品种、厚度	（1）樘 （2）m^2	（1）以樘计量，按设计图示数量计算 （2）以平方米计量，按设计图示洞口尺寸以面积计算	（1）窗安装 （2）五金、玻璃安装

续表

<table>
<tr><th>项目编码
项目名称</th><th>项目特征</th><th>计量单位</th><th>工程量计算规则</th><th>工作内容</th></tr>
<tr><td>010807002
金属防火窗</td><td rowspan="2">（1）窗代号及洞口尺寸
（2）框截面积及外围展开面积
（3）玻璃品种、厚度
（4）防护材料种类</td><td rowspan="7">（1）樘
（2）m^2</td><td rowspan="4">（1）以樘计量，按设计图示数量计算
（2）以平方米计量，按设计图示洞口尺寸以面积计算</td><td rowspan="2">（1）窗制作、运输、安装
（2）五金、玻璃安装
（3）刷防护材料</td></tr>
<tr><td>010807003
金属百叶窗</td></tr>
<tr><td>010807004
金属纱窗</td><td>（1）窗代号及洞口尺寸
（2）框材质
（3）窗纱品种、规格</td><td>（1）窗安装
（2）五金、玻璃安装</td></tr>
<tr><td>010807005
金属格栅窗</td><td>（1）窗代号及洞口尺寸
（2）框外围尺寸
（3）框、扇材质</td><td>（1）窗安装
（2）五金、玻璃安装</td></tr>
<tr><td>010807006
金属（塑钢、断桥）橱窗</td><td>（1）窗代号
（2）框外围展开面积
（3）框、扇材质
（4）玻璃品种、厚度
（5）防护材料种类</td><td rowspan="2">（1）以樘计量，按设计图示数量计算
（2）以平方米计量，按设计图示以框外围展开面积计算</td><td>（1）窗制作、运输、安装
（2）五金、玻璃安装
（3）刷防护材料</td></tr>
<tr><td>010807007
金属（塑钢、断桥）橱飘（凸）窗</td><td>（1）窗代号
（2）框外围展开面积
（3）框、扇材质
（4）玻璃品种、厚度</td><td rowspan="2">（1）窗安装
（2）五金、玻璃安装</td></tr>
<tr><td>010807008
彩板窗</td><td>（1）窗代号
（2）框外围展开面积
（3）框、扇材质
（4）玻璃品种、厚度</td><td>（1）以樘计量，按设计图示数量计算
（2）以平方米计量，按设计图示洞口尺寸或框外围以面积计算</td></tr>
</table>

注：1.金属窗应区分金属组合窗、防盗窗等项目，分别编码列项。

2.以樘计量，项目特征必须描述洞口尺寸，没有洞口尺寸必须描述窗框外围尺寸，以平方米计量，项目特征可不描述洞口尺寸及框的外围尺寸。

3.以平方米计量，无设计图示洞口尺寸，按窗框外围以面积计算。

4.金属橱窗、飘（凸）窗以樘计量，项目特征必须描述框外围展开面积。

5.金属窗中铝合金窗五金应包括卡锁、滑轮、铰拉、执手、拉把、拉手、风撑、角码等。

6.其他金属窗五金包括折页、螺栓、执手、卡锁、风撑、滑轮滑轨（推拉窗）等。

门窗套

门窗套主要包括木门窗套、木筒子板、饰面夹板筒子板、金属门窗套、石材门窗套、门窗木贴脸和成品木门窗套等，它们的工程量清单项目设置、项目特征描述、计量单位、工程量计算规则应按照下表来执行。

<table>
<tr><th>项目编码
项目名称</th><th>项目特征</th><th>计量
单位</th><th>工程量计算规则</th><th>工作内容</th></tr>
<tr><td>010808001
木门窗套</td><td>（1）窗代号及洞口尺寸
（2）门窗套展开宽度
（3）基层材料种类
（4）面层材料品种、规格
（5）线条品种、规格
（6）防护材料种类</td><td rowspan="5">（1）樘
（2）m^2
（3）m</td><td rowspan="5">（1）以樘计量，按设计图示数量计算
（2）以平方米计量，按设计图示洞口尺寸以面积计算
（3）以米计量，按设计图示中心以延长米计算</td><td rowspan="3">（1）清理基层
（2）立筋制作、安装
（3）基层板安装
（4）面层铺贴
（5）线条安装
（6）刷防护材料</td></tr>
<tr><td>010808002
木筒子板</td><td>（1）筒子板宽度
（2）基层材料种类
（3）面层材料品种、规格
（4）线条品种、规格
（5）防护材料种类</td></tr>
<tr><td>010808003
饰面夹板筒子板</td><td>（1）筒子板宽度
（2）基层材料种类
（3）面层材料品种、规格
（4）线条品种、规格
（5）防护材料种类</td></tr>
<tr><td>010808004
金属门窗套</td><td>（1）窗代号及洞口尺寸
（2）门窗套展开宽度
（3）基层材料种类
（4）面层材料品种、规格
（5）防护材料种类</td><td>（1）清理基层
（2）立筋制作、安装
（3）基层板安装
（4）面层铺贴
（5）刷防护材料</td></tr>
<tr><td>010808005
石材门窗套</td><td>（1）窗代号及洞口尺寸
（2）门窗套展开宽度
（3）基层材料种类
（4）面层材料品种、规格
（5）线条品种、规格</td><td>（1）清理基层
（2）立筋制作、安装
（3）基层板安装
（4）面层铺贴
（5）线条安装</td></tr>
</table>

续表

项目编码 项目名称	项目特征	计量单位	工程量计算规则	工作内容
010808006 门窗木贴脸	（1）门窗代号及洞口尺寸 （2）贴脸板宽度 （3）防护材料种类	（1）樘 （2）m	（1）以樘计量，按设计图示数量计算 （2）以米计量，按设计图示中心以延长米计算	贴脸板安装
010808007 成品木门窗套	（1）窗代号及洞口尺寸 （2）门窗套展开宽度 （3）门窗套材料品种、规格	（1）樘 （2）m^2 （3）m	（1）以樘计量，按设计图示数量计算 （2）以平方米计量，按设计图示洞口尺寸以面积计算 （3）以米计量，按设计图示中心以延长米计算	（1）清理基层 （2）立筋制作、安装 （3）贴脸板安装

注：1. 以樘计量，项目特征必须描述洞口尺寸、门窗套展开面积。
2. 以平方米计量，项目特征可不描述洞口尺寸、门窗套展开面积。
3. 以米计量，项目特征必须描述门窗套展开宽度、筒子板及贴脸宽度。

窗台板

窗台板主要包括木窗台板、铝塑窗台板、金属窗台板、石材窗台板等，它们的工程量清单项目设置、项目特征描述、计量单位、工程量计算规则应按照下表来执行。

项目编码 项目名称	项目特征	计量单位	工程量计算规则	工作内容
010809001 木窗台板	（1）基层材料种类 （2）窗台板材质、规格、颜色 （3）防护材料种类	m^2	按设计图示尺寸以展开面积计算	（1）基层清理 （2）基层制作、安装 （3）窗台板制作、安装 （4）刷防护材料
010809002 铝塑窗台板				
010809003 金属窗台板				

续表

项目编码 项目名称	项目特征	计量 单位	工程量计算规则	工作内容
010809004 石材窗台板	(1)黏结层厚度、砂浆配合比 (2)窗台板材质、规格、颜色	m^2	按设计图示尺寸以展开面积计算	(1)基层清理 (2)抹找平层 (3)窗台板制作、安装

窗帘、窗帘盒、轨

窗帘、窗帘盒、轨主要包括窗帘(杆)、木窗帘盒、饰面夹板、塑料窗帘盒、铝合金窗帘盒、窗帘轨等,它们的工程量清单项目设置、项目特征描述、计量单位、工程量计算规则应按照下表来执行。

项目编码 项目名称	项目特征	计量 单位	工程量计算规则	工作内容
010810001 窗帘(杆)	(1)窗帘材质 (2)窗帘宽度、高度 (3)窗帘层数 (4)带缨要求	(1)m (2)m^2	(1)以米计量,按设计图示以长度计算 (2)以平方米计量,按图示尺寸以展开面积计算	(1)制作、运输 (2)安装
010810002 木窗帘盒	(1)窗帘盒材质、规格 (2)防护材料种类	m	按设计图示以长度计算	(1)制作、运输、安装 (2)刷防护材料
010810003 饰面夹板、塑料窗帘盒				
010810004 铝合金窗帘盒				
010810005 窗帘轨	(1)窗帘轨材质、规格 (2)防护材料种类			

注:1.窗帘若是双层,项目特征必须描述每层材质。
2.窗帘以米计量,项目特征必须描述窗帘高度和宽度。

3 实例解读

（1）门工程

某别墅住宅需要安装 13 樘带纱镶木板门，门的洞口尺寸为 900mm×2000mm，每樘门上安装把手锁一把，10mm×30mm×3mm 的合页两副，不锈钢门吸一个，计算该工程的工程量。

木质门计算规则：以樘计量，按设计图示数量计算。

木门窗套计算规则：以米计量，按设计图示中心以延长米计算。

门锁安装计算规则：按设计图示数量计算。

解题：

根据做法说明，该木质门工程产生的工作内容包括木质门的制作、门套的制作及安装、门套线的制作及安装、门锁的安装、门合页的安装和门吸的安装。

工程量分别如下。

①木质门的工程量 =1×13=13（樘）。

②门套的工程量 =13×（0.9 + 2.0×2）=63.7（m）。

③门套线的工程量（内）=13×（0.9 + 2.0×2）=63.7（m）。

④门套线的工程量（外）=13×（0.9 + 2.0×2）=63.7（m）。

⑤门锁的工程量 =1×13=13（把）。

⑥门合页的工程量 =11×2×13=26（副）。

⑦门吸的工程量 =1×13=13（个）。

（2）窗工程

某工程采用 75 系列胡桃木纹色带上亮双扇铝合金推拉窗，型材厚度为 1.4mm，窗框外围尺寸为 1480mm×2000mm，上亮高度为 480mm，现场制作安装，计算该工程的工程量。

金属窗计算规则：以平方米计量，按设计图示洞口尺寸以面积计算。

解题：

该门工程的工程量如下。

$$\text{铝合金推拉窗的工程量} = \underbrace{1.48\times2.0}_{\text{窗的面积}} + \underbrace{1.48\times0.48}_{\text{上亮的面积}} = 3.67\ (\text{m}^2)$$

思考与巩固

1. 门窗装饰工程包括哪些基本内容？
2. 每种门窗工程具体包括哪些项目？工程量计算规则分别是什么？

七、油漆、涂料及裱糊装饰工程工程量的计算

学习目标	本小节重点讲解室内油漆、涂料及裱糊装饰工程工程量的计算。
学习重点	了解室内油漆、涂料及裱糊装饰工程工程量计算的基本内容及计算规则。

1 基本内容

油漆装饰工程项目按基层不同可分为木材面油漆、金属面油漆和抹灰面油漆三种，在此基础上，按油漆品种、刷漆部位分项。

涂料工程按涂刷和装饰部位分项，有木材面涂料、金属面涂料、抹灰面涂料、喷（刷）涂料和喷塑等。

裱糊工程有天棚面、墙面、梁柱面的墙纸、金属墙纸、织物锦缎等的裱糊。

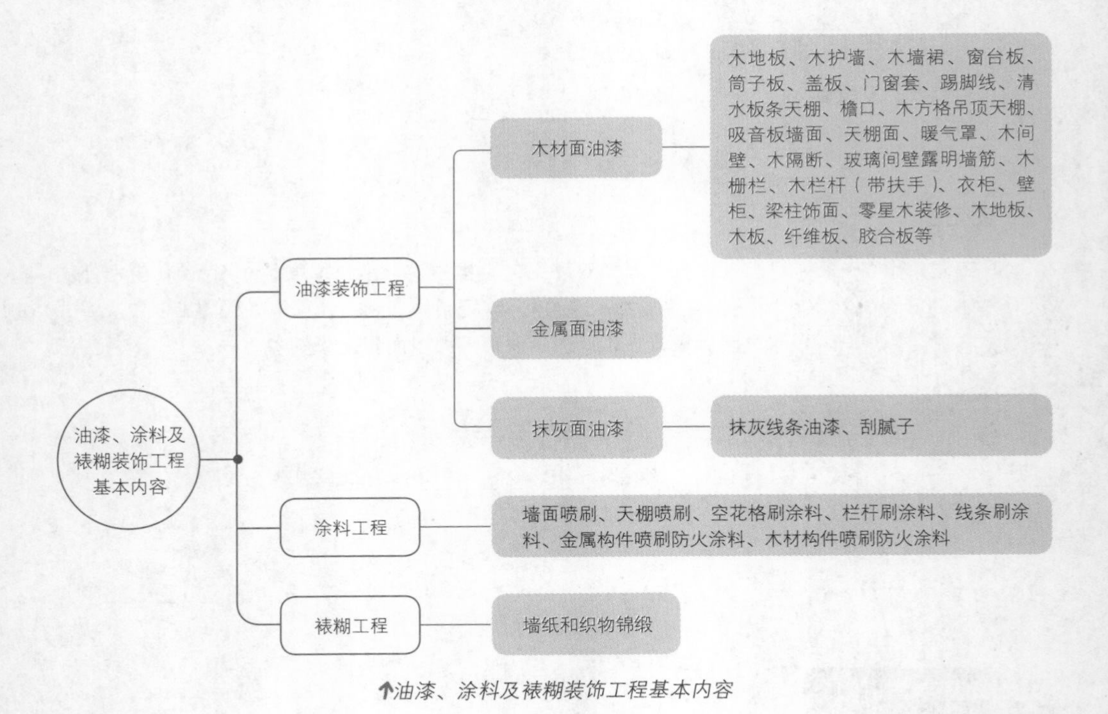

↑油漆、涂料及裱糊装饰工程基本内容

2 计算规则

（1）门窗油漆

门油漆

门油漆工程量清单项目设置、项目特征描述的内容、计量单位、工程量计算规则应按照下表来执行。

项目编码 项目名称	项目特征	计量单位	工程量计算规则	工作内容
011401001 木门油漆	（1）门类型 （2）门代号及门洞尺寸 （3）腻子种类 （4）刮腻子遍数 （5）防护材料种类 （6）油漆品种、刷漆遍数	（1）樘 （2）m^2	（1）以樘计量，按设计图示数量计算 （2）以平方米计量，按设计图示洞口尺寸以面积计算	（1）基层清理 （2）刮腻子 （3）刷防护材料、油漆
011401002 金属门油漆	（1）除锈、基层清理 （2）刮腻子 （3）刷防护材料、油漆			

注：1.木门油漆应区分单层木门、双层（一玻一纱）木门、双层（单裁口）木门、全玻璃自由门、半玻璃自由门、木百叶门及木格门、厂库大门等项目，分别编码列项。
2.金属门油漆应区分平开门、推拉门、钢制防火门列项。
3.以平方米计量，项目特征可不必描述洞口尺寸。

木门刷油漆工程量，按不同木门类型、油漆品种、油漆工序、油漆遍数，以木门洞口单面面积乘以木门工程量系数计算（执行单层木门定额）。木门工程量系数如下表所示。

项目	木门工程量系数	计算方法
单层木门	1.00	按单面洞口面积［注：双层（单裁口）木门是指双层框扇］
双层（一玻一纱）木门	1.36	
双层（单裁口）木门	2.00	
单层全玻璃门	0.83	
单层半玻璃门	0.91	
木百叶门、木格门	1.25	
厂库大门	1.10	

窗油漆

窗油漆工程量清单项目设置、项目特征描述的内容、计量单位、工程量计算规则应按照下表来执行。

<table>
<tr><th>项目编码
项目名称</th><th>项目特征</th><th>计量单位</th><th>工程量计算规则</th><th>工作内容</th></tr>
<tr><td>011402001
木窗油漆</td><td rowspan="2">（1）窗类型
（2）窗代号及门洞尺寸
（3）腻子种类
（4）刮腻子遍数
（5）防护材料种类
（6）油漆品种、刷漆遍数</td><td rowspan="2">（1）樘
（2）m²</td><td rowspan="2">（1）以樘计量，按设计图示数量计算
（2）以平方米计量，按设计图示洞口尺寸以面积计算</td><td>（1）基层清理
（2）刮腻子
（3）刷防护材料、油漆</td></tr>
<tr><td>011402002
金属窗油漆</td><td>（1）除锈、基层清理
（2）刮腻子
（3）刷防护材料、油漆</td></tr>
</table>

注：1. 木窗油漆应区分单层木窗、双层（一玻一纱）木窗、双层框扇（单裁口）木窗、双层框三层（二玻一纱）木窗、单层组合窗、双层组合窗、木百叶窗等项目，分别编码列项。

2. 金属窗油漆应区分平开窗、推拉窗、固定窗、组合窗、金属隔栅窗分别列项。

3. 以平方米计量，项目特征可不必描述洞口尺寸。

木窗刷油漆工程量，按不同木窗类型、油漆品种、油漆工序、油漆遍数，以木窗洞口单面面积乘以木窗工程量系数计算（执行单层木窗定额）。木窗工程量系数如下表所示。

<table>
<tr><th>项目</th><th>木窗工程量系数</th><th>计算方法</th></tr>
<tr><td>单层木窗</td><td>1.00</td><td rowspan="7">按单面洞口面积［注：双层（单裁口）木窗是指双层框扇］</td></tr>
<tr><td>双层（一玻一纱）木窗</td><td>1.36</td></tr>
<tr><td>双层（单裁口）木窗</td><td>2.00</td></tr>
<tr><td>双层框三层（二玻一纱）</td><td>2.60</td></tr>
<tr><td>单层组合窗</td><td>0.83</td></tr>
<tr><td>双层组合窗</td><td>1.13</td></tr>
<tr><td>木百叶窗</td><td>1.50</td></tr>
</table>

（2）木扶手及其他板条、线条油漆

木扶手、窗帘盒、封檐板、顺水板、挂衣板、黑板框、单独木线、挂镜线、窗帘棍等油漆项目，它们的工程量清单项目设置、项目特征描述的内容、计量单位、工程量计算规则应按照下表来执行。

项目编码 项目名称	项目特征	计量单位	工程量计算规则	工作内容
011403001 木扶手油漆	（1）断面尺寸 （2）腻子种类 （3）刮腻子遍数 （4）防护材料种类 （5）油漆品种、刷漆遍数	m	按设计图示尺寸以长度计算	（1）基层清理 （2）刮腻子 （3）刷防护材料、油漆
011403002 窗帘盒油漆				
011403003 封檐板、顺水板油漆				
011403004 挂衣板、黑板框油漆				
011403005 单独木线、挂镜线、窗帘棍油漆				

注：木扶手应区分为带托板与不带托板，分别编码列项，若木栏杆带扶手，木扶手不应单独列项，应包含在木栏杆油漆中。

木扶手、窗帘盒、封檐板、顺水板、挂衣板、黑板框、单独木线条等油漆工程量，按不同类型、油漆品种、油漆工序、油漆遍数，以其长度乘以木扶手工程量系数计算［执行木扶手（不带托板）］定额。木扶手工程量系数如下表所示。

项目	木扶手及其他板条、线条工程量系数	计算方法
木扶手（不带托板）	1.00	按延长米
木扶手（带托板）	2.60	
窗帘盒	2.04	

续表

项目	木扶手及其他板条、线条工程量系数	计算方法
封檐板、顺水板	1.74	按延长米
挂衣板、黑板框、单独木线条（100mm 以外）	0.52	
挂衣板、黑板框、单独木线条（100mm 以内）	0.35	

（3）木材面油漆

木材面油漆主要包括木板、纤维板、胶合板、木护墙、木墙裙、窗台板、筒子板、盖板、门窗套、踢脚线、清水板条天棚、檐口、木方格吊顶天棚、吸音板墙面、天棚面、暖气罩、木间壁、木隔断、玻璃间壁露明墙筋、木栅栏、木栏杆（带扶手）、衣柜、壁柜、梁柱饰面、零星木装修、木地板等项目，它们的油漆的工程量清单项目设置、项目特征描述的内容、计量单位、工程量计算规则应按照下表来执行。

项目编码 项目名称	项目特征	计量单位	工程量计算规则	工作内容
011404001 木板、纤维板、胶合板油漆	（1）腻子种类 （2）刮腻子遍数 （3）防护材料种类 （4）油漆品种、刷漆遍数	m^2	按设计图示尺寸以面积计算	（1）基层清理 （2）刮腻子 （3）刷防护材料、油漆
011404002 木护墙、木墙裙油漆				
011404003 窗台板、筒子板、盖板、门窗套、踢脚线油漆				
011404004 清水板条天棚、檐口油漆				

续表

<table>
<tr><th>项目编码
项目名称</th><th>项目特征</th><th>计量
单位</th><th>工程量计算规则</th><th>工作内容</th></tr>
<tr><td>011404005
木方格吊顶天棚油漆</td><td rowspan="9">（1）腻子种类
（2）刮腻子遍数
（3）防护材料种类
（4）油漆品种、刷漆遍数</td><td rowspan="9">m^2</td><td rowspan="3">按设计图示尺寸以面积计算</td><td rowspan="9">（1）基层清理
（2）刮腻子
（3）刷防护材料、油漆</td></tr>
<tr><td>011404006
吸音板墙面、天棚面油漆</td></tr>
<tr><td>011404007
暖气罩油漆</td></tr>
<tr><td>011404008
木间壁、木隔断油漆</td><td rowspan="3">按设计图示尺寸以单面外围面积计算</td></tr>
<tr><td>011404009
玻璃间壁露明墙筋油漆</td></tr>
<tr><td>011404010
木栅栏、木栏杆（带扶手）油漆</td></tr>
<tr><td>011404011
衣柜、壁柜油漆</td><td rowspan="3">按设计图示尺寸以油漆部分展开面积计算</td></tr>
<tr><td>011404012
梁柱饰面油漆</td></tr>
<tr><td>011404013
零星木装修油漆</td></tr>
</table>

续表

项目编码 项目名称	项目特征	计量单位	工程量计算规则	工作内容
011404014 木地板油漆	（1）腻子种类 （2）刮腻子遍数 （3）防护材料种类 （4）油漆品种、刷漆遍数	m^2	根据设计图示尺寸以面积计算。空洞、空圈、暖气包槽、壁龛的开口部分并入相应的工程量内	（1）基层清理 （2）刮腻子 （3）刷防护材料、油漆
011404015 木地板烫硬蜡面	（1）硬蜡品种 （2）面层处理要求			（1）基层清理 （2）烫蜡

木材面油漆工程量，按不同类型、油漆品种、油漆工序、油漆遍数，以其油漆计算面积乘以其他木材面工程量系数计算（执行其他木材面定额）。木材面工程量系数如下表所示。

项目	木材面工程量系数	计算方法
木板、纤维板、胶合板顶棚、檐口 清水板条天棚、檐口 窗台板、筒子板、盖板 木方格吊顶顶棚 吸音板墙面、顶棚面 暖气罩 鱼鳞板墙	1.00 1.07 0.82 1.20 0.87 1.28 2.48	按实际面积
木间壁、木隔断 玻璃间壁露明墙筋 木栅栏、木栏杆（带扶手）	1.90 1.65 1.82	按单面外围面积
木制家具	1.00	按实际面积或延长米
零星木装饰	0.87	按展开面积
木屋架	1.79	跨长（长）× 中高 ×1/2
屋面板（带檩条）	1.11	斜长 × 宽

注：顶棚线脚和基面同时油漆，其工程量在基面基础上乘以 1.05 即可，不再重复计算其线脚的工程量。

（4）金属面油漆

金属面油漆的工程量清单项目设置、项目特征描述的内容、计量单位、工程量计算规则应按照下表来执行。

项目编码 项目名称	项目特征	计量单位	工程量计算规则	工作内容
011405001 金属面油漆	（1）构件名称 （2）腻子种类 （3）刮腻子遍数 （4）防护材料种类 （5）油漆品种、刷漆遍数	（1）m （2）m^2	（1）以吨计量，按设计图示尺寸以质量计算 （2）以平方米计量，按设计图示尺寸以展开面积计算	（1）基层清理 （2）刮腻子 （3）刷防护材料、油漆

（5）抹灰面油漆

抹灰面主要有抹灰面、抹灰线条和满刮腻子等项目，它们的工程量清单项目设置、项目特征描述的内容、计量单位、工程量计算规则应按照下表来执行。

项目编码 项目名称	项目特征	计量单位	工程量计算规则	工作内容
011406001 抹灰面油漆	（1）基层类型 （2）腻子种类 （3）刮腻子遍数 （4）防护材料种类 （5）油漆品种、刷漆遍数	m^2	按设计图示尺寸以面积计算	（1）基层清理 （2）刮腻子 （3）刷防护材料、油漆
011406002 抹灰线条油漆	（1）线条宽度、道数 （2）腻子种类 （3）刮腻子遍数 （4）防护材料种类 （5）油漆品种、刷漆遍数	m	按设计图示尺寸以长度计算	
011406003 满刮腻子	（1）基层类型 （2）腻子种类 （3）刮腻子遍数	m^2	按设计图示尺寸以面积计算	（1）基层清理 （2）刮腻子

抹灰面刷油漆工程量，按不同油漆品种、油漆遍数、油漆部位、施工方法，以油漆计算面积乘以抹灰面工程量系数计算。抹灰面工程量系数如下表所示。

项目	抹灰面工程量系数	计算方法
楼地板、顶棚、墙、柱、梁面 混凝土楼梯底（板式） 混凝土楼梯底（梁式）	1.00 1.18 1.42	按水平投影面积
混凝土花格窗、栏杆花饰	2.00	按外围面积
槽形底板混凝土折板 梁高500mm以内（非墙位）底板 梁高500mm以内（非墙位）密肋梁、井字梁底板		按主墙间净面积

（6）喷刷涂料

喷刷涂料主要包括墙面喷刷、天棚喷刷、空花格刷涂料、栏杆刷涂料、线条刷涂料、金属构件喷刷防火涂料、木材构件喷刷防火涂料等项目，它们的工程量清单项目设置、项目特征描述的内容、计量单位、工程量计算规则应按照下表来执行。

项目编码 项目名称	项目特征	计量单位	工程量计算规则	工作内容
011407001 墙面喷刷涂料	（1）基层类型 （2）喷刷涂料部位 （3）腻子种类 （4）刮腻子遍数 （5）涂料品种、喷刷遍数	m^2	按设计图示尺寸以面积计算	（1）基层清理 （2）刮腻子 （3）喷、刷涂料
011407002 天棚喷刷涂料				
011407003 空花格、栏杆刷涂料	（1）腻子种类 （2）刮腻子遍数 （3）涂料品种、喷刷遍数		按设计图示尺寸以单面外围面积计算	

续表

项目编码 项目名称	项目特征	计量单位	工程量计算规则	工作内容
011407004 线条刷涂料	(1)基层清理 (2)线条宽度 (3)刮腻子遍数 (4)刷防护材料、油漆	m^2	按设计图示以长度计算	(1)基层清理 (2)刮腻子 (3)喷、刷涂料
011407005 金属构件 喷刷防火涂料	(1)喷刷防火材料构件名称 (2)防火等级要求 (3)涂料品种、喷刷遍数	(1)m^2 (2)t	(1)以平方米计算，按设计展开面积计算 (2)以吨计算，按设计图示尺寸以质量计算	(1)基层清理 (2)刷防护材料、油漆
011407006 木材构件 喷刷防火涂料		(1)m^2 (2)m^3	(1)以平方米计算，按设计图示尺寸以面积计算 (2)以立方米计算，按设计结构尺寸以体积计算	(1)基层清理 (2)刷防火材料

(7)裱糊

墙纸和织物锦缎的工程量清单项目设置、项目特征描述的内容、计量单位、工程量计算规则应按照下表来执行。

项目编码 项目名称	项目特征	计量单位	工程量计算规则	工作内容
011408001 墙纸裱糊	(1)基层类型 (2)裱糊部位 (3)腻子种类 (4)刮腻子遍数 (5)黏结材料种类 (6)防护材料种类 (7)面层材料品种、规格、颜色	m^2	按设计图示尺寸以面积计算	(1)基层清理 (2)刮腻子 (3)面层铺贴 (4)刷防护材料
011408002 织物锦缎裱糊				

3 实例解读

（1）门窗油漆工程

某培训学校的室内门窗工程，双层木门（尺寸为 800mm × 2000mm）48 樘，单层木门（尺寸为 800mm × 2000mm）21 樘，双层木窗（尺寸为 1450mm × 2000mm）96 扇，计算该工程木门窗的油漆工程量。

木门油漆计算规则：以平方米计量，按设计图示洞口尺寸以面积计算。单层木门的工程量系数为 1.0，双层木门的工程量系数为 2.0。

木窗油漆计算规则：以平方米计量，按设计图示洞口尺寸以面积计算。双层木窗的工程量系数为 2.0。

解题：

根据做法说明，该木质门工程产生的工作内容包括木门的油漆及木窗的油漆。

工程量分别如下。

①木门的工程量 $=\underbrace{0.8\times2.0\times2.0\times48}_{\text{双层木门的工程量}}+\underbrace{0.8\times2.0\times1.0\times21}_{\text{单层木门的工程量}}=187.2\text{m}^2$。

②木窗的工程量 $=\underbrace{1.45\times2.0\times2\times96}_{\text{面积}\times\text{系数}\times\text{数量}}=556.8\text{m}^2$。

（2）综合工程（一）

某工程如下图所示，顶面（带石膏线脚）满刮腻子，刷乳胶漆 3 遍；内墙抹灰面满刮腻子 2 遍，粘贴墙纸；木质踢脚线满刮腻子，刷聚氨酯清漆 3 遍。门窗部分安装成品门窗套，工程量不计算在内。计算该工程的工程量。

天棚喷刷涂料（乳胶漆）计算规则：按设计图示尺寸以面积计算。顶棚线脚和基面同时油漆，其工程量在基面基础上乘以 1.05 即可，不再重复计算其线脚的工程量。

墙纸裱糊计算规则：按设计图示尺寸以面积计算。

木材面（踢脚线）油漆计算规则：按设计图示尺寸以面积计算。

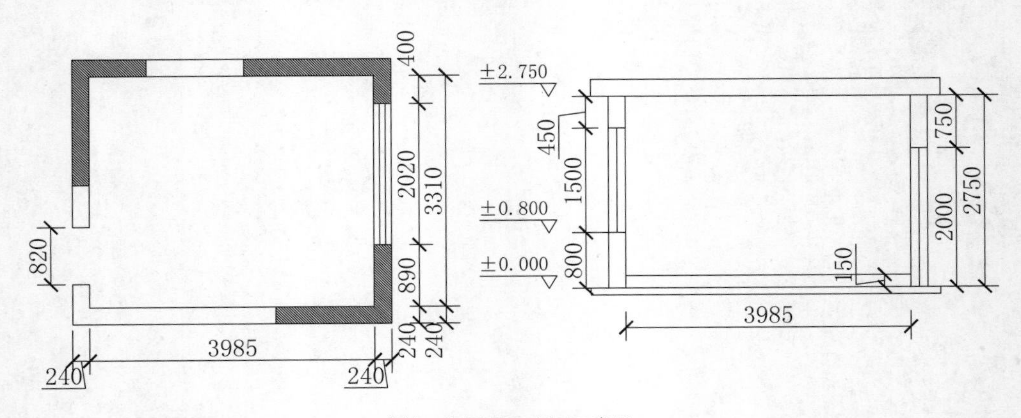

↑某工程平面及立面示意图

解题：

根据做法说明，该工程产生的工作内容包括天棚喷刷乳胶漆、墙面裱糊墙纸以及木质踢脚线油漆。

工程量分别如下。

①天棚喷刷乳胶漆工程量 $=\underbrace{(3.985\times3.310)}_{\text{顶面面积}}\times\underbrace{1.05}_{\text{带脚线涂刷的系数}}=13.85\text{m}^2$。

②墙面裱糊墙纸的工程量 $=\underbrace{3.985\times2.750\times2+3.310\times2.750\times2}_{\text{空间墙面面积}}-\underbrace{0.82\times2.0}_{\text{门洞口的面积}}-\underbrace{2.02\times1.5}_{\text{窗洞口的面积}}$

$=35.44\text{m}^2$。

③木质踢脚线油漆的工程量 $=(\underbrace{3.985\times2+3.310\times2-0.82}_{\text{室内周长＝墙面周长－门洞口宽度}})\times\underbrace{0.15}_{\text{踢脚线高度}}=20.07\text{m}^2$。

（3）综合工程（二）

某工程背景墙工程如下图所示，木饰面、木线条满刮腻子，刷聚氨酯清漆3遍；两侧裱糊墙纸。计算该工程的工程量。

木材面油漆计算规则：按设计图示尺寸以面积计算。

木线条油漆计算规则：按设计图示尺寸以长度计算。

墙纸裱糊计算规则：按设计图示尺寸以面积计算。

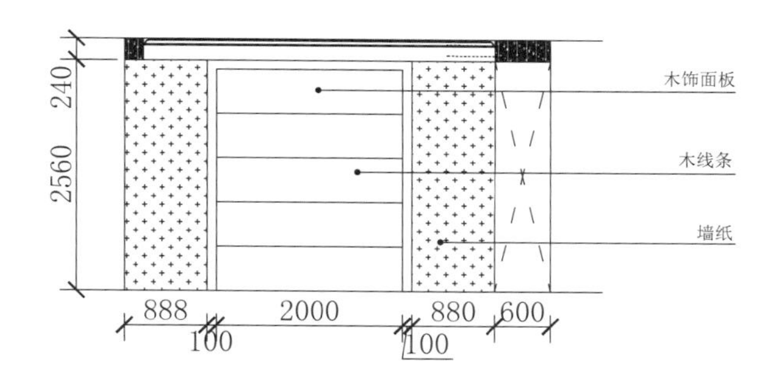

↑某工程背景墙立面示意图

解题：

根据做法说明，该工程的背景墙工程产生的工作内容包括木材面油漆、木线条油漆以及墙纸的裱糊。

工程量分别如下。

①木材面油漆的工程量 $=\underbrace{2.0\times(2.56-0.1)}_{\text{木饰面宽×高}}=4.92\text{m}^2$。

②木线条油漆的工程量 $=\underbrace{2.0+2.56\times2}_{\text{长度＋高度×2}}=7.12\text{m}$。

③墙纸裱糊的工程量 $=(\underbrace{0.888+0.880}_{\text{长度}})\times\underbrace{2.56}_{\text{高度}}=6.27\text{m}^2$。

思考与巩固

1. 油漆、涂料及裱糊装饰工程包括哪些基本内容？
2. 每种油漆、涂料及裱糊装饰工程具体包括哪些项目？工程量计算规则分别是什么？

八、室内拆除工程工程量的计算

学习目标	本小节重点讲解室内拆除工程工程量的计算。
学习重点	了解室内拆除工程工程量计算的基本内容及计算规则。

1 基本内容

室内拆除工程主要包括建筑构建拆除、装修构建拆除以及开孔（打洞）等工程项目。

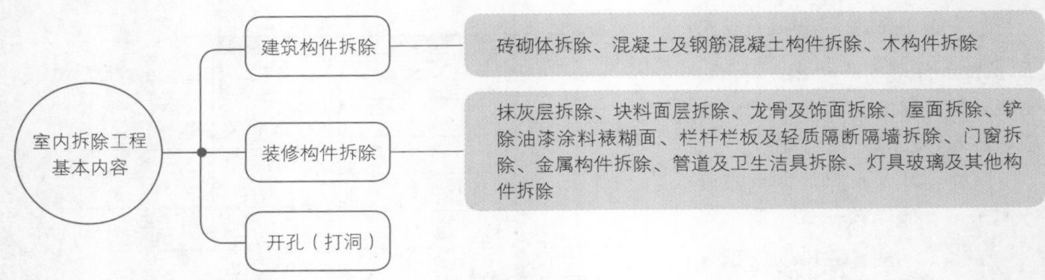

↑室内拆除工程基本内容

2 计算规则

（1）建筑构件拆除

砖砌体拆除

砖砌体拆除的工程量清单项目设置、项目特征描述的内容、计量单位、工程量计算规则应按照下表来执行。

项目编码 项目名称	项目特征	计量 单位	工程量计算规则	工作内容
011601001 砖砌体拆除	（1）砌体名称 （2）砌体材质 （3）拆除高度 （4）拆除砌体的截面尺寸 （5）砌体表面的附着物类型	（1）m^3 （2）m	（1）以立方米计量，按拆除的体积计算 （2）以米计量，按拆除的延长米计算	（1）拆除 （2）控制扬尘 （3）清理 （4）建渣场内、外运输

注：1. 砌体名称指墙、柱、水池等。
2. 砌体表面的附着物种类指抹灰、块料层、龙骨及装饰面层等。
3. 以米计量，如砖地沟、砖明沟等必须描述拆除部位的截面尺寸；以立方米计量，截面尺寸则不必描述。

混凝土及钢筋混凝土构件拆除

混凝土及钢筋混凝土构件拆除的工程量清单项目设置、项目特征描述的内容、计量单位、工程量计算规则应按照下表来执行。

项目编码 项目名称	项目特征	计量单位	工程量计算规则	工作内容
011602001 混凝土构件拆除	(1)构件名称 (2)拆除构件的厚度或规格尺寸 (3)构件表面的附着物类型	(1) m^3 (2) m^2 (3) m	(1)以立方米计量，按拆除构件的混凝土体积计算 (2)以平方米计量，按拆除部位的面积计算 (3)以米计量，按拆除部位的延长米计算	(1)拆除 (2)控制扬尘 (3)清理 (4)建渣场内、外运输
011602002 钢筋混凝土构件拆除				

注：1. 以立方米作为计量单位时，可不描述构件的规格尺寸；以平方米作为计量单位时，则应描述构件的厚度；以米作为计量单位时描述构件的规格尺寸。
2. 构件表面的附着物种类指抹灰层、龙骨及装饰面层等。

木构件拆除

木构件拆除的工程量清单项目设置、项目特征描述的内容、计量单位、工程量计算规则应按照下表来执行。

项目编码 项目名称	项目特征	计量单位	工程量计算规则	工作内容
011603001 木构件拆除	(1)构件名称 (2)拆除构件的厚度或规格尺寸 (3)构件表面的附着物类型	(1) m^3 (2) m^2 (3) m	(1)以立方米计量，按拆除构件的混凝土体积计算 (2)以平方米计量，按拆除部位的面积计算 (3)以米计量，按拆除部位的延长米计算	(1)拆除 (2)控制扬尘 (3)清理 (4)建渣场内、外运输

注：1. 拆除木构件应按木梁、木柱、木楼梯、木屋架、承重木楼板等分别在构件名称中描述。
2. 以立方米作为计量单位时，可不描述构件的规格尺寸；以平方米作为计量单位时，则应描述构件的厚度；以米作为计量单位时描述构件的规格尺寸。
3. 构件表面的附着物种类指抹灰层、龙骨及装饰面层等。

（2）装修构件拆除

抹灰层拆除

抹灰层拆除的工程量清单项目设置、项目特征描述的内容、计量单位、工程量计算规则应按照下表来执行。

项目编码 项目名称	项目特征	计量单位	工程量计算规则	工作内容
011604001 平面抹灰层拆除	（1）拆除部位 （2）抹灰层种类	m^2	以平方米计量，按拆除部位的面积计算	（1）拆除 （2）控制扬尘 （3）清理 （4）建渣场内、外运输
011604002 立面抹灰层拆除				
011604003 天棚抹灰面拆除				

注：抹灰层种类可描述为一般抹灰或装饰抹灰。

块料面层拆除

块料面层拆除的工程量清单项目设置、项目特征描述的内容、计量单位、工程量计算规则应按照下表来执行。

项目编码 项目名称	项目特征	计量单位	工程量计算规则	工作内容
011605001 平面块料拆除	（1）拆除的基层类型 （2）饰面材料种类	m^2	以平方米计量，按拆除部位的面积计算	（1）拆除 （2）控制扬尘 （3）清理 （4）建渣场内、外运输
011605002 立面块料拆除				

注：1. 如仅拆除块料层，拆除的基层类型不用描述。
2. 拆除的基层类型的描述指砂浆层、防水层、干挂或挂贴所采用的钢骨架层等。

龙骨及饰面拆除

龙骨及饰面拆除的工程量清单项目设置、项目特征描述的内容、计量单位、工程量计算规则应按照下表来执行。

<table>
<tr><th>项目编码
项目名称</th><th>项目特征</th><th>计量单位</th><th>工程量计算规则</th><th>工作内容</th></tr>
<tr><td>011606001
楼地面龙骨及饰面拆除</td><td rowspan="3">（1）拆除的基层类型
（2）龙骨及饰面材料种类</td><td rowspan="3">m^2</td><td rowspan="3">以平方米计量，按拆除部位的面积计算</td><td rowspan="3">（1）拆除
（2）控制扬尘
（3）清理
（4）建渣场内、外运输</td></tr>
<tr><td>011606002
墙柱面龙骨及饰面拆除</td></tr>
<tr><td>011606003
天棚面龙骨及饰面拆除</td></tr>
</table>

注：1. 基层类型的描述指砂浆层、防水层等。
2. 如仅拆除龙骨及饰面，拆除的基层类型不用描述。
3. 如只拆除饰面种类，不用描述龙骨材料。

屋面拆除

屋面拆除的工程量清单项目设置、项目特征描述的内容、计量单位、工程量计算规则应按照下表来执行。

<table>
<tr><th>项目编码
项目名称</th><th>项目特征</th><th>计量单位</th><th>工程量计算规则</th><th>工作内容</th></tr>
<tr><td>011607001
刚性层拆除</td><td>刚性层厚度</td><td rowspan="2">m^2</td><td rowspan="2">以平方米计量，按拆除部位的面积计算</td><td rowspan="2">（1）拆除
（2）控制扬尘
（3）清理
（4）建渣场内、外运输</td></tr>
<tr><td>011607002
防水层拆除</td><td>防水层种类</td></tr>
</table>

铲除油漆涂料裱糊面

铲除油漆涂料裱糊面的工程量清单项目设置、项目特征描述的内容、计量单位、工程量计算规则应按照下表来执行。

项目编码 项目名称	项目特征	计量 单位	工程量计算规则	工作内容
011608001 铲除油漆面	（1）铲除部位名称 （2）铲除部位的截面尺寸	（1）m^2 （2）m	（1）以平方米计量，按铲除部位的面积计算 （2）以米计量，按铲除部位的延长米计算	（1）拆除 （2）控制扬尘 （3）清理 （4）建渣场内、外运输
011608002 铲除涂料面				
011608003 铲除裱糊面				

注：1. 铲除部位名称的描述指墙面、柱面、天棚、门窗等。
2. 按米计量时，必须描述铲除部位的截面尺寸；以平方米计量时，则不用描述铲除部位的截面尺寸。

栏杆（板）、轻质隔断（墙）拆除

栏杆（板）、轻质隔断（墙）拆除的工程量清单项目设置、项目特征描述的内容、计量单位、工程量计算规则应按照下表来执行。

项目编码 项目名称	项目特征	计量 单位	工程量计算规则	工作内容
011609001 栏杆（板）拆除	（1）栏杆（板）的高度 （2）栏杆（板）种类	（1）m^2 （2）m	（1）以平方米计量，按拆除部位的面积计算 （2）以米计量，按拆除部位的延长米计算	（1）拆除 （2）控制扬尘 （3）清理 （4）建渣场内、外运输
011609002 隔断（墙）拆除	（1）拆除隔墙的骨架种类 （2）拆除隔墙的饰面种类	m^2	按拆除部位的面积计算	

注：以平方米计量，不用描述栏杆（板）的高度。

门窗拆除

门窗拆除的工程量清单项目设置、项目特征描述的内容、计量单位、工程量计算规则应按照下表来执行。

<table>
<tr><th>项目编码
项目名称</th><th>项目特征</th><th>计量
单位</th><th>工程量计算规则</th><th>工作内容</th></tr>
<tr><td>011610001
木门窗拆除</td><td rowspan="2">（1）室内高度
（2）门窗洞口尺寸</td><td rowspan="2">（1）m^2
（2）m</td><td rowspan="2">（1）以平方米计量，按拆除部位的面积计算
（2）以樘计量，按拆除樘数计算</td><td rowspan="2">（1）拆除
（2）控制扬尘
（3）清理
（4）建渣场内、外运输</td></tr>
<tr><td>011610002
金属门窗拆除</td></tr>
</table>

注：以平方米计量，不用描述门窗洞口的尺寸。室内高度指室内楼地面至门窗的上边框。

金属构件拆除

金属构件拆除的工程量清单项目设置、项目特征描述的内容、计量单位、工程量计算规则应按照下表来执行。

<table>
<tr><th>项目编码
项目名称</th><th>项目特征</th><th>计量
单位</th><th>工程量计算规则</th><th>工作内容</th></tr>
<tr><td>011611001
钢架拆除</td><td rowspan="5">（1）构件名称
（2）拆除构件的规格尺寸</td><td rowspan="2">（1）t
（2）m</td><td rowspan="2">（1）以吨计量，按拆除构件的质量计算
（2）以米计量，按拆除延长米计算</td><td rowspan="5">（1）拆除
（2）控制扬尘
（3）清理
（4）建渣场内、外运输</td></tr>
<tr><td>011611002
钢柱拆除</td></tr>
<tr><td>011611003
钢网架拆除</td><td>t</td><td>按拆除构件的质量计算</td></tr>
<tr><td>011611004
钢支架、钢墙架拆除</td><td rowspan="2">（1）t
（2）m</td><td rowspan="2">（1）以吨计量，按拆除构件的质量计算
（2）以米计量，按拆除延长米计算</td></tr>
<tr><td>011611005
其他金属构件拆除</td></tr>
</table>

管道及卫生洁具拆除

管道及卫生洁具拆除的工程量清单项目设置、项目特征描述的内容、计量单位、工程量计算规则应按照下表来执行。

项目编码 项目名称	项目特征	计量 单位	工程量计算规则	工作内容
011612001 管道拆除	(1)管道种类、材质 (2)管道上的附着物类型	m	按拆除管道的延长米计算	(1)拆除 (2)控制扬尘 (3)清理 (4)建渣场内、外运输
011612002 卫生洁具拆除	卫生洁具种类	(1)套 (2)个	按拆除的数量计算	

灯具、玻璃、其他构件拆除

灯具、玻璃、其他构件拆除的工程量清单项目设置、项目特征描述的内容、计量单位、工程量计算规则应按照下表来执行。

项目编码 项目名称	项目特征	计量 单位	工程量计算规则	工作内容
011613001 灯具拆除	(1)拆除灯具高度 (2)灯具种类	套	按拆除的数量计算	(1)拆除 (2)控制扬尘 (3)清理 (4)建渣场内、外运输
011613002 玻璃拆除	(1)玻璃厚度 (2)拆除部位	m^2	按拆除的面积计算	
011614001 暖气罩拆除	暖气罩材质	(1)个 (2)m	(1)以个为单位计量，按拆除个数计算 (2)以米为单位计量，按拆除的延长米计算	
011614002 柜体拆除	(1)柜体材质 (2)柜体尺寸：长、宽、高			

续表

<table>
<tr><th>项目编码
项目名称</th><th>项目特征</th><th>计量
单位</th><th>工程量计算规则</th><th>工作内容</th></tr>
<tr><td>011614003
窗台板拆除</td><td>窗台板的平面尺寸</td><td rowspan="2">（1）块
（2）m</td><td rowspan="2">（1）以块计量，按拆除数量计算
（2）以米为单位计量，按拆除的延长米计算</td><td rowspan="4">（1）拆除
（2）控制扬尘
（3）清理
（4）建渣场内、外运输</td></tr>
<tr><td>011614004
筒子板拆除</td><td>筒子板的平面尺寸</td></tr>
<tr><td>011614005
窗帘盒拆除</td><td>窗帘盒的平面尺寸</td><td rowspan="2">m</td><td rowspan="2">按拆除的延长米计算</td></tr>
<tr><td>011614006
窗帘轨拆除</td><td>窗帘轨的材质</td></tr>
</table>

注：双轨窗帘轨拆除按双轨长度分别计算工程量。

（3）开孔（打洞）

开孔（打洞）的工程量清单项目设置、项目特征描述的内容、计量单位、工程量计算规则应按照下表来执行。

项目编码 项目名称	项目特征	计量 单位	工程量计算规则	工作内容
011615005 开孔（打洞）	（1）部位 （2）打洞部位材质 （3）洞尺寸	个	按数量计算	（1）拆除 （2）控制扬尘 （3）清理 （4）建渣场内、外运输

思考与巩固

1. 室内拆除工程包括哪些基本内容？
2. 每种室内拆除工程具体包括哪些项目？工程量计算规则分别是什么？

九、室内其他装饰工程工程量的计算

学习目标	本小节重点讲解室内其他装饰工程工程量的计算。
学习重点	了解室内其他装饰工程工程量计算的基本内容及计算规则。

1 基本内容

室内其他装饰工程包括家具、压条、装饰线、扶手、栏杆、栏板、暖气罩、浴厕配件、招牌、灯箱及美术字等。

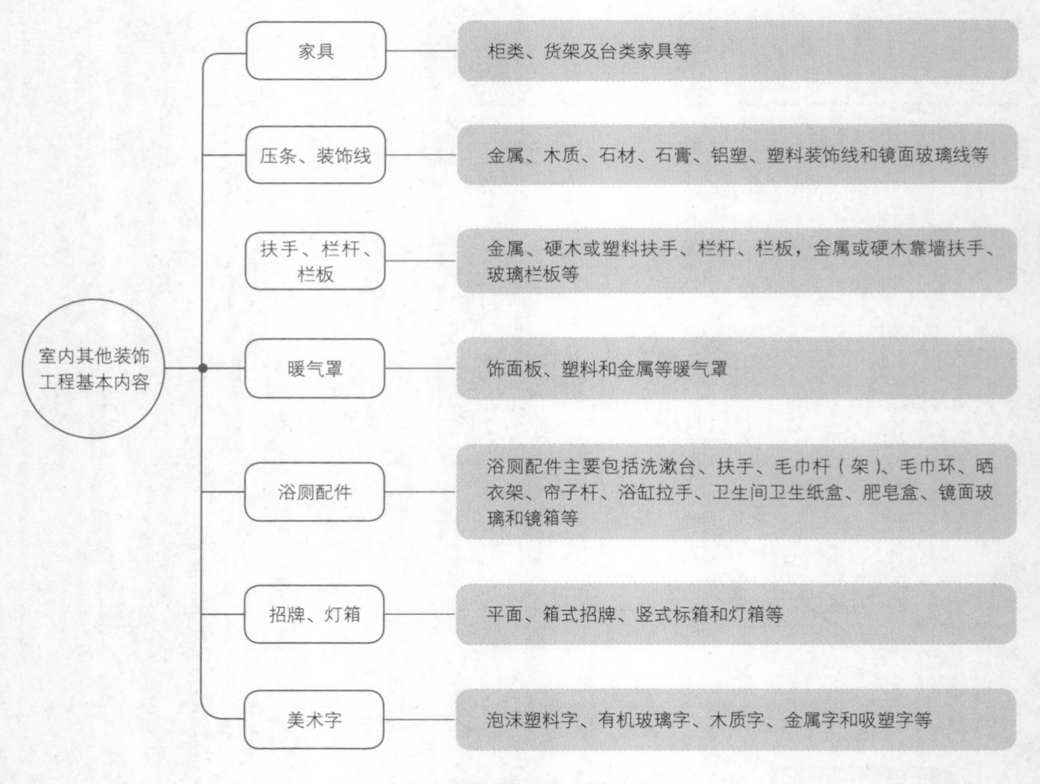

↑室内其他装饰工程基本内容

2 计算规则

（1）家具

家具包括室内装饰的各种柜类、货架及台类家具等，它们的工程量清单项目的设置、项目特征描述的内容、计量单位、工程量计算规则应按照下表来执行。

项目编码 项目名称	项目特征	计量单位	工程量计算规则	工作内容
011501001 柜台	（1）台柜规格 （2）材料种类、规格 （3）五金种类、规格 （4）防护材料种类 （5）油漆品种、刷漆遍数	（1）个 （2）m （3）m^2	（1）以个计量，按设计图示数量计算 （2）以米计量，按设计图示尺寸以延长米计算 （3）以平方米计量，按设计图示尺寸以面积计算	（1）台柜制作、运输、安装（安放） （2）刷防护材料、油漆 （3）五金件安装
011501002 酒柜				
011501003 衣柜				
011501004 存包柜				
011501005 鞋柜				
011501006 书柜				
011501007 厨房壁柜				
011501008 木壁柜				
011501009 厨房低柜				
011501010 厨房吊柜				
011501011 矮柜				
011501012 吧台背柜				
011501013 酒吧吊柜				

续表

项目编码 项目名称	项目特征	计量单位	工程量计算规则	工作内容
011501014 酒吧台	（1）台柜规格 （2）材料种类、规格 （3）五金种类、规格 （4）防护材料种类 （5）油漆品种、刷漆遍数	（1）个 （2）m （3）m^2	（1）以个计量，按设计图示数量计算 （2）以米计量，按设计图示尺寸以延长米计算 （3）以平方米计量，按设计图示尺寸以面积计算	（1）台柜制作、运输、安装（安放） （2）刷防护材料、油漆 （3）五金件安装
011501015 展台				
011501016 收银台				
011501017 试衣间				
011501018 货架				
011501019 书架				
011501020 服务台				

（2）压条、装饰线

金属、木质、石材、石膏、铝塑、塑料装饰线和镜面玻璃线的工程量清单项目的设置、项目特征描述的内容、计量单位、工程量计算规则应按照下表来执行。

项目编码 项目名称	项目特征	计量单位	工程量计算规则	工作内容
011502001 金属装饰线	（1）基层类型 （2）线条材料种类、规格、颜色 （3）防护材料种类	m	按设计图示尺寸以长度计算	（1）线条制作、安装 （2）刷防护材料
011502002 木质装饰线				

续表

<table>
<tr><th>项目编码
项目名称</th><th>项目特征</th><th>计量单位</th><th>工程量计算规则</th><th>工作内容</th></tr>
<tr><td>011502003
石材装饰线</td><td rowspan="2">（1）基层类型
（2）线条材料种类、规格、颜色
（3）防护材料种类</td><td rowspan="5">m</td><td rowspan="5">按设计图示尺寸以长度计算</td><td rowspan="5">（1）线条制作、安装
（2）刷防护材料</td></tr>
<tr><td>011502004
石膏装饰线</td></tr>
<tr><td>011502005
镜面玻璃线</td><td rowspan="3">（1）基层类型
（2）线条材料种类、规格、颜色
（3）防护材料种类</td></tr>
<tr><td>011502006
铝塑装饰线</td></tr>
<tr><td>011502007
塑料装饰线</td></tr>
</table>

（3）扶手、栏杆、栏板

金属、硬木或塑料扶手、栏杆、栏板，金属或硬木靠墙扶手、玻璃栏板等装饰工程项目的工程量清单项目的设置、项目特征描述的内容、计量单位、工程量计算规则应按照下表来执行。

<table>
<tr><th>项目编码
项目名称</th><th>项目特征</th><th>计量单位</th><th>工程量计算规则</th><th>工作内容</th></tr>
<tr><td>011503001
金属扶手、栏杆、栏板</td><td rowspan="3">（1）扶手材料种类、规格、品牌
（2）栏杆材料种类、规格、品牌
（3）栏板材料种类、规格、品牌
（4）固定配件种类
（5）防护材料种类</td><td rowspan="3">m</td><td rowspan="3">按设计图示尺寸以扶手中心线长度（包括弯头长度）计算</td><td rowspan="3">（1）制作
（2）运输
（3）安装
（4）刷防护材料</td></tr>
<tr><td>011503002
硬木扶手、栏杆、栏板</td></tr>
<tr><td>011503003
塑料扶手、栏杆、栏板</td></tr>
</table>

续表

项目编码 项目名称	项目特征	计量单位	工程量计算规则	工作内容
011503004 金属靠墙扶手	（1）扶手材料种类、规格、品牌 （2）固定配件种类 （3）防护材料种类	m	按设计图示尺寸以扶手中心线长度（包括弯头长度）计算	（1）制作 （2）运输 （3）安装 （4）刷防护材料
011503005 硬木靠墙扶手				
011503006 塑料靠墙扶手				
011503007 玻璃栏板	（1）栏杆玻璃的种类、规格、品牌、颜色 （2）固定方式 （3）固定配件种类		按设计图示尺寸以扶手中心线长度（包括弯头长度）计算	（1）制作 （2）运输 （3）安装 （4）刷防护材料

（4）暖气罩

饰面板、塑料和金属等暖气罩的工程量清单项目的设置、项目特征描述的内容、计量单位、工程量计算规则应按照下表来执行。

项目编码 项目名称	项目特征	计量单位	工程量计算规则	工作内容
011504001 饰面板暖气罩	（1）暖气罩材质 （2）防护材料种类	m^2	按设计图示尺寸以垂直投影面积（不展开）计算	（1）暖气罩制作、运输、安装 （2）刷防护材料、油漆
011504002 塑料暖气罩				
011504003 金属暖气罩				

(5)浴厕配件

浴厕配件主要包括洗漱台、晾衣架、帘子杆、浴缸拉手、卫生间扶手、毛巾杆(架)、毛巾环、卫生纸盒、肥皂盒等，它们的工程量清单项目的设置、项目特征描述的内容、计量单位、工程量计算规则应按照下表来执行。

项目编码 项目名称	项目特征	计量单位	工程量计算规则	工作内容
011505001 洗漱台	(1)材料种类、规格、品牌、颜色 (2)支架、配件品种、规格、品牌	(1) m^2 (2)个	(1)按设计图示尺寸以台面外接矩形面积计算。不扣除孔洞、挖完、削角所占面积，挡板、吊沿板面积并入台面面积内 (2)按设计图示数量计算	(1)台面及支架，运输、安装 (2)杆、环、盒配件安装 (3)刷油漆
011505002 晾衣架		个	按设计图示数量计算	
011505003 帘子杆				
011505004 浴缸拉手				
011505005 卫生间扶手				
011505006 毛巾杆(架)	(1)材料种类、规格、品牌、颜色 (2)支架、配件品种、规格、品牌	套	按设计图示数量计算	(1)台面及支架，运输、安装 (2)杆、环、盒配件安装 (3)刷油漆
011505007 毛巾环		副		

续表

项目编码 项目名称	项目特征	计量单位	工程量计算规则	工作内容
011505008 卫生纸盒	（1）材料种类、规格、品牌、颜色 （2）支架、配件品种、规格、品牌	个	按设计图示数量计算	（1）台面及支架，运输、安装 （2）杆、环、盒配件安装 （3）刷油漆
011505009 肥皂盒				

（6）招牌、灯箱

平面、箱式招牌以及竖式标箱和灯箱等的工程量清单项目的设置、项目特征描述的内容、计量单位、工程量计算规则应按照下表来执行。

项目编码 项目名称	项目特征	计量单位	工程量计算规则	工作内容
011507001 平面、箱式招牌	（1）箱体规格 （2）基层材料种类 （3）面层材料种类 （4）防护材料种类	m^2	按设计图示尺寸以正立面边框外围面积计算，复杂形的凹凸造型部分不增加面积	（1）基层安装 （2）箱体及支架制作、运输、安装 （3）面层制作、安装 （4）刷防护材料、油漆
011507002 竖式标箱		个	按设计图示数量计算	
011507003 灯箱				

(7)美术字

美术字包括泡沫塑料字、有机玻璃字、木质字、金属字和吸塑字等，它们的工程量清单项目的设置、项目特征描述的内容、计量单位、工程量计算规则应按照下表来执行。

项目编码 项目名称	项目特征	计量单位	工程量计算规则	工作内容
011508001 泡沫塑料字	(1)基层类型 (2)镌字材料品种、颜色 (3)字体规格 (4)固定方式 (5)油漆品种、刷漆遍数	个	按设计图示数量计算	(1)字制作、运输、安装 (2)刷油漆
011508002 有机玻璃字				
011508003 木质字				
011508004 金属字				
011508005 吸塑字				

3 实例解读

某厨房墙面尺寸为 3450mm×2650mm，做实木材质的橱柜，低柜高度为 850mm、吊柜高度为 600mm，计算厨房家具的工程量。

橱柜计算规则：以平方米计量，按设计图示尺寸以面积计算。

解题：

根据做法说明，该厨房家具工程产生的工作内容包括低柜的制作及吊柜的制作。

整体工程量如下。

厨房家具的工程量 = 低柜的工程量 + 吊柜的工程量 $=3.45\times0.85+3.45\times0.60=50\text{m}^2$

思考与巩固

1. 室内其他装饰工程包括哪些基本内容?
2. 每种室内其他装饰工程具体包括哪些项目？工程量计算规则分别是什么?

十、室内脚手架工程工程量的计算

学习目标	本小节重点讲解室内脚手架工程工程量的计算。
学习重点	了解室内脚手架工程工程量计算的基本内容及计算规则。

1 基本内容

室内脚手架工程工程量，包括室内外装饰装修的内外墙面粉饰的脚手架、顶棚的满堂脚手架，以及其他项目的成品保护工程的工程量。

2 计算规则

①装饰装修内、外脚手架工程量，按不同檐高，以外墙的外边线长乘以墙高计算，不扣除门窗洞口面积。檐高是指建筑物自设计室外地坪面至外墙顶点或构筑物顶面的高度。

②满堂脚手架工程量，按实际搭设的水平投影面积计算，不扣除附墙垛、柱所占的面积。

其基本层高以3.6～5.2m为准。凡超过3.6m且在5.2m以内的顶棚抹灰及装饰装修，应计算脚手架基本层；层高超过5.2m，每增加1.0m计算一个增加层，增加层的层数（N）=（层高－5.2）m ÷1.0m，按四舍五入取整数。

室内装饰工程中，凡计算了满堂脚手架者，其内墙面粉饰不再计算内墙面粉饰脚手架。

③装修砖砌体高度在1.2m以上时，按砌体长度乘以高度以平方米计算；高度在3.6m以内者，套用里脚手架项目；高度在3.6m以上者，套用单排脚手架项目乘以系数3.33。

④石砌体高度在1.2m以上时，按砌体长度乘以高度以平方米计算；高度在3.6m以内者，套用单排脚手架乘以系数3.33；高度在3.6m以上者，套用双排脚手架项目乘以系数3.33。

⑤独立的砖、石、钢筋混凝土柱，按柱结构外围周长加3.6m乘以柱高的面积计算；高度在3.6m以下者，套用单排脚手架定额乘以系数3.33；高度在3.6m以上者，套用相应高度的双排脚手架项目并乘以系数3.33。

⑥现浇钢筋混凝土墙，按墙结构长度乘以高度以平方米计算，套用相应高度的双排脚手架项目乘以系数3.33 。

⑦现浇钢筋混凝土单梁或连续梁，按梁结构长度乘以室外设计地坪面（或楼板面）至梁顶面的高度以平方米计算，套用相应高度的双排脚手架项目乘以系数3.33，与之相关联的框架柱不再计算脚手架。

各项室内脚手架工程的工程量清单项目设置、项目特征描述的内容、计量单位及工程量计算规则，应按下表所示的规定执行。

<table>
<tr><th>项目编码
项目名称</th><th>项目特征</th><th>计量单位</th><th>工程量计算规则</th><th>工作内容</th></tr>
<tr><td>011702001
综合脚手架</td><td>（1）建筑结构形式
（2）檐口高度</td><td>m^2</td><td>按建筑面积计算</td><td>（1）场内、场外材料搬运
（2）搭、拆脚手架、斜道、上料平台
（3）安全网的铺设
（4）选择附墙点与主体连接
（5）测试电动装置、安全锁等
（6）拆除脚手架后材料的堆放</td></tr>
<tr><td>011702002
外脚手架</td><td rowspan="2">（1）搭设方式
（2）搭设高度
（3）脚手架材料</td><td rowspan="2">m^2</td><td rowspan="2">按所服务对象的垂直投影面积计算</td><td rowspan="5">（1）场内、场外材料搬运
（2）搭、拆脚手架、斜道、上料平台
（3）安全网的铺设
（4）拆除脚手架后材料的堆放</td></tr>
<tr><td>011702003
里脚手架</td></tr>
<tr><td>011702004
悬空脚手架</td><td rowspan="2">（1）搭设方式
（2）悬挑高度
（3）脚手架材料</td><td>m^2</td><td>按搭设的水平投影面积计算</td></tr>
<tr><td>011702005
挑脚手架</td><td>m</td><td>按搭设长度乘以搭设层数以延长米计算</td></tr>
<tr><td>011702006
满堂脚手架</td><td>（1）搭设方式
（2）搭设高度
（3）脚手架材料</td><td>m^2</td><td>按搭设的水平投影面积计算</td></tr>
<tr><td>011702007
整体提升架</td><td>（1）搭设方式及启动装置
（2）搭设高度</td><td>m^2</td><td>按所服务对象的垂直投影面积计算</td><td>（1）场内、场外材料搬运
（2）搭、拆脚手架、斜道、上料平台
（3）安全网的铺设
（4）选择附墙点与主体连接
（5）测试电动装置、安全锁等
（6）拆除脚手架后材料的堆放</td></tr>
</table>

续表

项目编码 项目名称	项目特征	计量单位	工程量计算规则	工作内容
011702008 外装饰吊篮	（1）升降方式及启动装置 （2）搭设高度及吊篮型号	m^2	按所服务对象的垂直投影面积计算	（1）场内、场外材料搬运 （2）吊篮的安装 （3）测试电动装置、安全锁、平衡控制器等 （4）吊篮的拆卸

3 实例解读

某工程（如图所示），房间高度为6.4m，计算天棚抹灰满堂脚手架工程量。

计算规则：满堂脚手架工程量，按实际搭设的水平投影面积计算，不扣除附墙垛、柱所占的面积。其基本层高以3.6～5.2m为准。层高超过5.2m，每增加1.0m计算一个增加层，增加层的层数=（层高－5.2）m ÷1.0m，按四舍五入取整数。

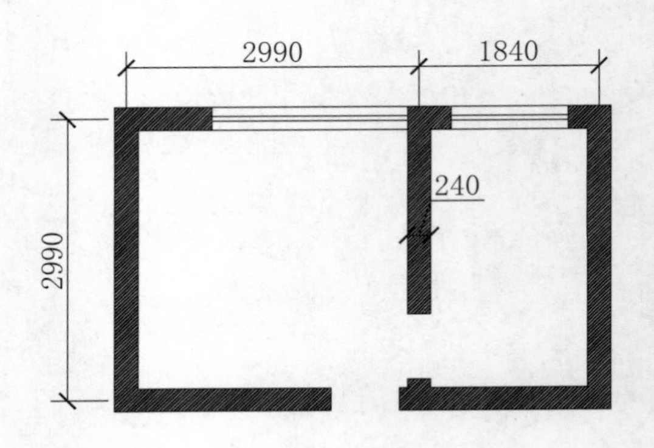

↑某工程平面示意图

解题：

房间的天棚高度6.4m > 3.6m，且6.4m > 5.2m应有增加层。

工程量计算如下。

①确定增加层数（N）=（层高－5.2）÷1.0=（6.4 －5.2）÷1.0=1.2 ≈ 1。

②室内净空面积 = $\underbrace{(2.990-0.24)^2}_{\text{左侧空间面积}} + \underbrace{(1.840-0.24)\times(2.990-0.24)}_{\text{右侧空间面积}}=11.96\text{m}^2$。

③天棚抹灰满堂脚手架的工程量如下。

a. 基本层满堂脚手架的工程量为11.96m^2。

b. 增加层满堂脚手架的工程量为11.96×1=11.96m^2。

思考与巩固

1. 室内脚手架工程包括哪些基本内容？

2. 每种室内脚手架工程具体包括哪些项目？工程量计算规则分别是什么？

第四章 室内装饰工程设计概算与施工图预算

装饰工程设计概算的编制依据之一是初步设计（或施工）图纸阶段，而施工图预算的编制依据之一则是工程设计完成图纸，两者对工程的顺利实施和经济控制都具有重要的作用。因此，了解它们的编制依据、编制特点、编制条件、具体内容、编制方法等是非常重要的。

扫码下载本章课件

一、室内装饰工程设计概算的编制

学习目标	本小节重点讲解室内装饰工程设计概算的编制。
学习重点	了解室内装饰工程设计概算的定额及指标、编制特点、编制方法及组成等。

1 室内装饰工程设计概算的定额及指标

(1)概算定额

概算定额的概念

概算定额是在预算定额基础上根据有代表性的通用设计图和标准图等资料，以主要工序为准，综合相关工序，进行综合、扩大和合并而成的定额。

概算定额，是确定完成合格的单位扩大分项工程或单位扩大结构构件所需消耗的人工、材料和机械台班的数量标准，所以概算定额又称作扩大结构定额。

概算定额是由预算定额综合而成的。按照《建设工程工程量清单计价规范》的要求，为适应工程招标投标的需求，有的地方预算定额的定额项目已与概算定额项目一致，如挖土方只有一个项目，不再划分一、二、三、四类土。

概算定额一般由各省(市)、自治区在预算定额的基础上进行编制，并报主管部门审批，报国家计委备案。

概算定额的作用

扩大初步设计阶段编制设计概算和技术设计阶段编制修正概算的依据

初步设计、技术设计、施工图设计是采用三阶段设计的三个阶段。根据国家有关规定，应按设计的不同阶段对拟装饰装修工程进行估价。初步设计阶段应编制概算，技术阶段应编制修正概算，因此必须要有与设计深度相适应的设计定额。概算定额是为适应这种设计深度而编制的。

编制主要材料申请计划的计算依据

装饰材料如果由物资供应部门供应，则应首先提出申请计划，申请主要材料所需用量，以获得材料供应指标。由市场采购的材料，也应先期提出采购计划。根据概算定额的材料消耗指标可快速地计算工、料数量，为编制主要材料计划提供依据。

对设计方案进行设计分析的依据

设计方案的比较主要是对施工工艺方法、施工方案及结构方案进行技术、经济分析，目的是选出合理的方案，在满足功能、技术要求的条件下，达到降低造价和工料消耗的目的。概算定额按扩大分项工程或扩大结构构件划分定额项目，可为设计方案比较提供方便的条件。

编制概算指标的依据

概算指标与概算定额相比较来说更加综合扩大，因此，编制概算指标时，以概算定额作为基础资料。

招标工程编制标底和编制投标报价的依据

用概算定额编制招标标底和投标报价，有一定的准确性，并且能够快速报价。

概算定额的编制依据

①现行国家的设计规范、施工验收规范、操作规程等。

②现行国家和地区的建筑装饰工程标准图、定型图及常用的工程设计图纸。

③现行全国统一的施工定额。

④现行地区人工工资标准、材料预算价格、机械台班单价等资料。

⑤有关的施工图预算、工程结算、竣工决算等资料。

概算定额的内容

概算定额由文字说明、定额项目表及附录三部分组成。

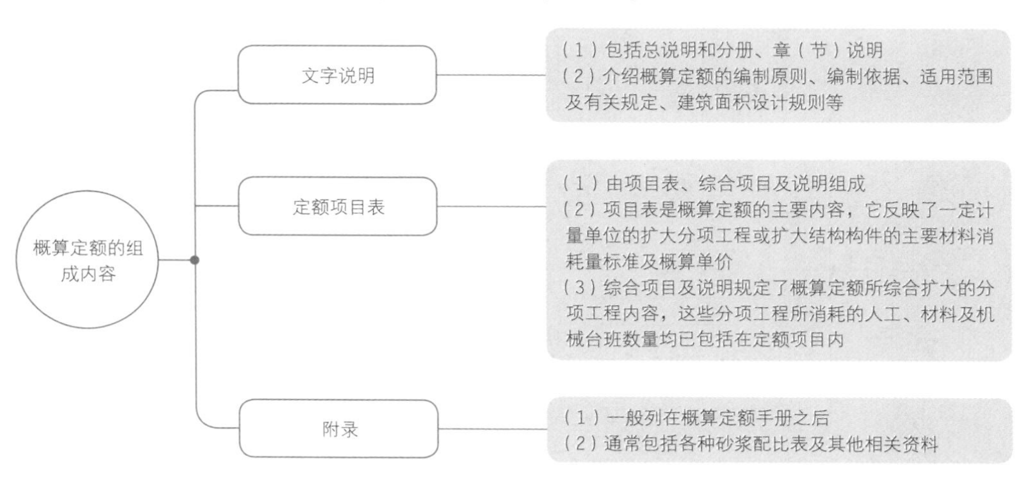

↑概算定额的组成内容

（2）概算指标

概算指标的概念

概算指标是基本建设工程概算指标的简称，是完成一定单位建筑安装工程的工料消耗量或工程造价的定额指标。例如，建筑工程中的每百平方米建筑面积造价指标和工料消耗量指标；每平方米住宅建筑面积造价指标等。

概算指标的作用

①概算指标是编制初步设计概算，确定工程概算造价的依据。
②概算指标是设计单位进行设计方案的技术经济分析，衡量设计水平，考核投资效果的标准。
③概算指标是建设单位编制基本建设计划，申请投资拨款和主要材料计划的依据额。
④概算指标是编制投资估算指标的依据。

概算指标的编制依据

①现行的标准设计、各类工程的典型设计和有关代表性的设计图纸。
②国家颁发的工程标准、设计规范、施工验收规范等有关资料。
③现行预算定额、概算定额、补充定额和有关技术规范。
④地区工资标准、材料预算价格、机械台班预算价格。
⑤国家和地区颁发的工程造价的指标。
⑥典型工程的概算、预算、结算和决算等资料。
⑦国家和地区现行的基本建设政策、法规等。

概算指标的内容

概算指标比概算定额更加综合扩大，其主要内容如下。

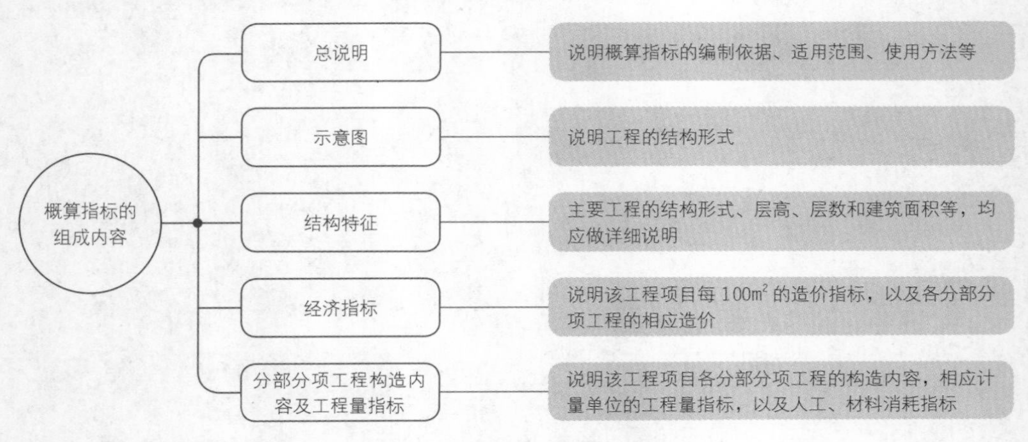

↑概算指标的组成内容

概算指标的应用情况

概算指标在具体内容的表示方法上，有综合指标和单项指标两种形式。综合指标是一种概括性较大的指标；单项指标是一种具有代表性的、以典型建筑物或构建物为分析对象的概算指标。概算指标的应用，一般有以下两种情况。

①概算指标的套用：如果设计对象在结构特征及施工条件上与概算指标的内容完全一致时，可直接套用概算指标。

②概算指标的换算：如果设计对象在结构特征及施工条件上与概算指标在某些方面不一致时，要对概算指标局部内容进行调整，换算后再套用。

2 室内装饰工程设计概算的编制特点

（1）用概算定额编制装饰工程概算的特点

①各项数据较齐全、结果较准确。

②概算定额编制工程预算，必须计算工程量，所以设计图纸要能满足工程量计算的需要。

③概算定额编制工程预算，计算的工作量较大，所以比用其他方法编制概算所花费的时间要长一些。

（2）用概算指标编制装饰工程概算的特点

①选用与所编概算相近的单位工程概算指标。

②对所需的设计图纸要求不高，只需符合结构特征、计算建筑面积的需要即可。

③数据结果不如用概算定额编制的那么准确全面。

④编制速度较快。

（3）用类似工程预算编制装饰工程概算的特点

①要选用与所编概算工程结构类型基本相同的装饰工程预算作为编制依据。

②设计图纸应能满足设计出工程量的要求。

③个别项目要按图纸进行调整。

④提供的各项数据较齐全、准确。

⑤编制速度较快。

3 室内装饰工程设计概算的编制方法

室内装饰工程设计概算的编制方法主要有概算定额法、概算指标法和类似工程预算法等。

(1)概算定额法

编制依据

①装饰工程初步设计(或扩大初步设计)图纸、资料和说明书。要求设计图纸和有关设计说明较齐全,有关工程数据准确且能满足概算定额工程量计算的需求。

②概算定额和概算费用指标。

③单位工程的施工条件和施工方法。

编制步骤

①计算工程量。

按照概算定额分部分项顺序,列出各分项工程的名称,并计算工程量。工程量计算应按概算定额中规定的工程量计算规则进行,并将计算所得各分项工程量按概算定额编号顺序,填入如下所示的装饰工程概算表内。

装饰工程概算表

建设单位名称:

工程项目名称:　　　　概算价值:

建筑面积:　　　　经济技术指标:　　　　元/m²

序号	定额编号	费用名称	工程量		概算价值/元		备注
			单位	数量	单位	合价	

②计算单位工程概算直接费。

工程量计算完毕后,即按照概算定额中各分部分项工程项目的顺序,查概算定额的相应项目,准确地逐项查阅相应的定额单价(或基价),然后将其填入装饰工程概算表中。而后分别与相应的工程量相乘,得出的即为各分部分项工程的直接费,再汇总各分部分项工程直接费,得出的即为该单位工程的直接费。

须注意的是,如遇到设计图中的分项工程项目名称、内容与采用的概算定额手册中相应的项目有某些不相符时,则按规定对定额进行换算后才能套用。

单位工程概算直接费的计算公式如下。

分项工程直接费 = 分项工程量 × 该分项工程的概算定额单价

$$分部工程直接费 = \sum 分项工程直接费$$

$$单位工程直接费 = \sum 分部工程直接费$$

③取费计算单位工程概算价值。

计算其他直接费、现场经费及单位工程直接费，其公式如下。

$$单位工程直接费 = 直接费 + 其他直接费 + 现场经费$$

$$其他直接费 = 直接费 \times 其他直接费费率$$

$$现场计费 = 直接费 \times 现场经费费率$$

计算间接费：将单位工程概算直接工程费乘以间接费费率即可得到间接费。

计算利润、其他费用及税金：根据直接费，结合其他各项取费标准，计算出单位工程概算的利润、其他费用及税金。

计算单位工程概算价值：单位工程直接费与间接费、利润、税金及其他费用（材料差价、定额测编费）之和即为单位工程概算价值，也就是单位工程概算造价。

④计算基数经济指标。

将单位工程概算价值除以建筑面积，得到的即为技术经济指标，即每平方米的价值。

（2）概算指标法

概算指标的选择

采用概算指标法计算精度较低，是一种对工程造价估算的方法，但由于其编制速度快，所以仍然具有一定的实用价值。

采用概算指标编制概算的关键，是要选择合理的概算指标。选择概算指标时，有一些因素需要进行充分的考虑。

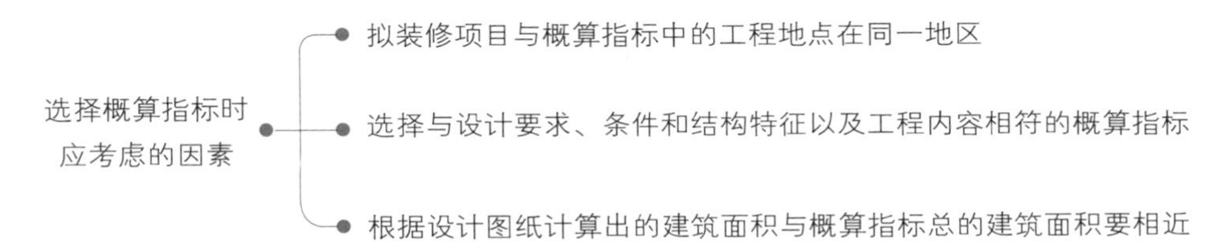

直接套用概算指标编制预算

如果拟建室内装饰工程项目在设计上与概算指标中的某室内装饰工程项目相符，即可直接套用指标进行编制。当指标规定了装饰工程每百平方米或每平方米的人工、主要材料消耗量时，概算具体步骤及计算公式如下。

① 根据概算指标中的人工工日数及现行工资标准计算人工费。

$$每平方米建筑面积人工费 = 指标人工工日数 \times 地区日工资标准$$

②根据概算指标中的主要材料数量及现行材料预算价格计算材料费。

$$每平方米建筑面积主要材料费 = \sum（主要材料数量 \times 地区材料预算价格）$$

③按求得的主要材料费及其他材料费占主要材料费中的比例（%），求出其他材料费。

每平方米建筑面积其他材料费 = 每平方米建筑面积主要材料费 × 其他材料费的比例

④施工机械使用费在概算指标中一般是用“元”或占直接费的比例（%）表示，直接按概算指标规定计算。

⑤按求得的人工费、材料费、机械费，求出直接费。

每平方米建筑面积直接费 = 人工费 + 主要材料费 + 其他材料费 + 机械费

⑥按求得的直接费及地区现行取费标准，求出间接费、税金等其他费用及材料价差。

⑦将直接费和其他费用相加，得出概算单价。

每平方米建筑面积概算单价 = 直接费 + 间接费 + 材料价差 + 税金

⑧用概算单价和建筑面积相乘，得出概算价值。

设计工程概算价值 = 设计工程建筑面积 × 每平方米建筑面积概算单价

概算指标的修正

随着室内装饰技术的发展，新结构、新技术、新材料的应用，设计也在不断地发展。因此，在套用概算指标时，设计的内容不可能完全符合概算指标中所规定的结构特征。此时，就必须根据差别的具体情况，对其中某一项或几项不符合设计要求的内容加以修正。修正后的概算指标，才能使用。

概算指标的修正主要参考建筑工程概算造价修正法进行，具体的计算公式如下。

单位建筑面积造价修正概算指标 = 原概算指标单价 − 换出结构构件单价 + 换入结构构件单价

换出（或换入）结构构件单价 = 换出（或换入）结构构件工程量 × 相应的概算定额单价

采用此种方式编制概算的具体步骤如下。

用概算指标修正法编制概算的步骤

- 根据概算指标求出每平方米室内装饰面积的直接费
- 根据求得的直接费，算出与拟建工程不符的结构构件的价值
- 将换入结构构件工程量与相应概算定额单价相乘，得出拟建工程所要的结构构件价值
- 每平方米建筑面积直接费减去与拟建工程不符的结构构件价值，加上拟建工程所要的结构构件价值，即为修正后的每平方米建筑面积的直接费
- 求得修正后的每平方米建筑面积的直接费后，就可按照“直接套用概算指标法”，编制出单位工程概算

（3）类似工程预算法

直接套用类似工程的数据编制预算

类似工程预算法是利用技术条件与设计对象相类似的已装修完的工程或正在装修的室内装饰工程的工程造价资料，来编制拟装修的室内装饰工程设计概算的方法。该方法适用于拟建工程初步设计与已装修完的工程或正在装修的工程的设计相类似且没有可用的概算指标的情况，但必须对装修结构差异和价差进行调整。

如果拟装修工程的建筑面积和结构特征与所选的类似工程预算的建筑面积和结构特征基本相同时，就可直接套用类似装饰工程预算的各项数据编制拟装修工程的概算，其具体步骤如下。

直接套用类似工程的数据编制预算的步骤
- 计算设计对象的建筑面积
- 依据设计对象的建筑面积、结构特征选用类似工程施工图预算
- 修正类似工程施工图预算，并确定拟装修工程的概算价值

类似工程数据的修正

当所选类似工程的施工图预算数据与拟装修工程存在一定差异性时，就需要修正类似工程施工图预算的各项数据。具体的修正方法如下。

①计算类似工程施工图预算中的人工费、材料费、机械使用费、其他直接费、间接费、其他费在预算成本中所占的比例（%），按照顺序分别用 A_1、A_2、A_3、A_4、A_5、A_6 来表示。

②计算类似工程施工图预算中各项费用的修正系数，用 K_1、K_2、K_3、K_4、K_5、K_6 来表示。

类似工程施工图预算中各项费用修正系数的计算公式如下所示。

人工费修正系数：K_1= 拟装修工程概算地区一级工工资标准 / 类似工所在地一级工工资标准。

材料费修正系数：K_2= Σ（类似工程各主要材料用量 × 拟装修工程概算地区材料预算价格）/ 类似工程所在地主要材料费。

机械使用费修正系数：K_3= Σ（类似工程主要机械台班数量 × 拟装修工程概算地区机械台班单价）/ 类似工程所在地主要机械使用费。

其他直接费修正系数：K_4= 拟装修工程概算地区其他直接费费率 / 类似工程所在地其他直接费费率。

间接费修正系数：K_5= 拟装修工程概算地区其他间接费费率 / 类似工程所在地间接费费率。

其他费修正系数：K_6= 拟装修工程概算地区其他费费率 / 类似工程所在地其他费费率。

③计算类似工程施工图预算成本总修正系数。

$$K=K_1A_1+K_2A_2+K_3A_3+K_4A_4+K_5A_5+K_6A_6=\sum K_iA_i$$

④计算类似工程修正预算成本，用 M 表示。

$$M=\text{类似工程预算成本}\times K$$

⑤计算类似工程修正后的预算造价，用 N 表示。

$$N=M(1+\text{利税率})$$

⑥计算类似工程修正后的单方造价，用 Q 表示。

$$Q=N/\text{类似工程建筑面积}$$

⑦计算拟装饰工程概算造价。

$$\text{拟装饰工程概算造价}=Q\times\text{拟装饰工程建筑面积}$$

4 室内装饰工程设计概算书的组成

（1）封面

封面的形式如下所示，其中各项内容均应填写清楚。

单位装饰工程概算书

建设单位名称：
工程名称：
结构类型：
建筑面积：
概算总价值：
编制人： 审核人：

编制单位： 建设单位：
（盖章） （盖章）
负责人： 负责人：

编制时间： 年 月 日

↑单位装饰工程概算书封面的形式

（2）单位装饰工程概算编制说明

编制说明主要包括以下内容。

①工程概况。

②编制依据。

③其他有关问题的说明。

（3）概算造价汇总表

概算造价汇总表的形式如下表所示。

概算造价汇总表

建设单位名称：

工程项目名称：

序号	费用名称	计费基数	费率	预算价值		备注
				合计	其中人工费	
1	一、直接工程费 直接费 其他直接费 现场经费 直接工程费小计					

续表

序号	费用名称	计费基数	费率	预算价值		备注
				合计	其中人工费	
2	二、间接费 施工管理费 劳动保险费 财务费用 间接费小计					
3	三、利润					
4	四、其他费用					
5	五、税金					
6	六、不可预见预留费					
7	七、材料风险系数					
	概算总价					

（4）单位工程概算表

单位工程概算表主要包括工程项目费用名称、工程量、概算价值，为了反映主要材料消耗量，还应有主要装修材料表，如下所示。

主要装修材料表

建设单位名称：

工程项目名称：

建筑面积：

序号	工程项目名称	木材 /m^3	玻璃 /m^2	水泥 /t	……

思考与巩固

1. 什么是概算定额？它具有什么作用？其内容又有哪些？
2. 什么是概算指标？它具有什么作用？其内容又有哪些？
3. 室内装饰工程设计概算有几种编制方法？分别如何应用？

二、室内装饰工程施工图预算的编制

学习目标	本小节重点讲解室内装饰工程施工图预算的编制。
学习重点	了解室内装饰工程施工图预算的编制依据和编制条件及编制的步骤。

1 室内装饰工程施工图预算编制依据和编制条件

（1）编制依据

经过审定的设计图样和说明书

经过建设单位、设计单位、施工单位共同会审，并经主管部门批准后的装饰施工图样和说明，是计算装饰工程量的主要依据之一。主要包括施工图样及其文字说明、室内平面布置图、剖面图、立面图和各部位或构配件的大样构造详图（如墙柱面、门窗、楼地面、天棚、门窗套、装饰线条、装饰造型等）。

有关的标准图集

计算装饰工程量除需全套施工图样外，还必须有图样所引用的一切通用标准图集（这些通用图集一般不详细绘在施工图样上，而是将其所引用的图集名称及索引号标出），通用标准图集是计算工程量的重要依据之一。

批准的工程设计总概算文件

主管单位在批准拟装修项目的总投资概算后，将在拟装修项目投资最高限额的基础上，对各单位工程也规定了相应的投资额。因此，在编制装饰工程预算时，必须以此为依据，使其预算造价不能突破单项工程概算中规定的限额。

经审定的施工组织设计（或方案）

装饰工程施工组织设计具体规定了装饰工程中各分部分项工程的施工方法、施工机械、材料及构配件加工方式、技术组织措施和现场平面布置等内容。它直接影响整个装饰工程的预算造价，是计算工程量、选套定额（换算调整的依据）和计算其他费用的重要依据。

现行建筑装饰工程预算定额或地区单位估价表

现行建筑装饰工程预算定额或地区单位估价表是编制装饰工程预算的基础和依据。

人工、材料和机械费的调整价差

由于时间的变化和工程所在地区的不同，人工、机械、材料的定额定价必然要进行调整，以符合实际情况，因此，必须以一定时间的该地区的人工、机械、材料的市场价进行定额调整或换算，作为编制装饰工程造价的依据。

取费标准

确定装饰工程造价还必须要有工程所在地的其他直接费、间接费、计划利润及税金等费率标准，作为计算定额基价以外的其他费用，最后确定装饰工程造价的依据。

装饰工程施工合同

经甲乙双方签订的是施工合同，包括双方同意的有关修改承包合同的设计和变更文件，承包范围，结算方式，包干系数，工期和质量，奖惩措施及其他资料和图表等，这些都是编制施工图预算的主要依据。

其他资料（预算定额或预算员手册等）

预算定额或预算员手册等资料是快速、准确地计算工程量、进行工料分析、编制装饰工程预算的主要基础资料。

（2）编制条件

①施工图样经过审批、交底和会审，必须由建设单位、施工单位、设计单位等共同认可。

②施工单位编制的施工组织设计或施工方案必须经其主管部门批准。

③建设单位和施工单位在材料、构件和半成品等加工、订货及采购方面，都必须有明确的分工或按合同执行。

④参加编制装饰预算的人员，必须持有相应专业的编审资格证书。

2 室内装饰工程施工图预算编制的步骤

（1）施工图预算编制的四个阶段

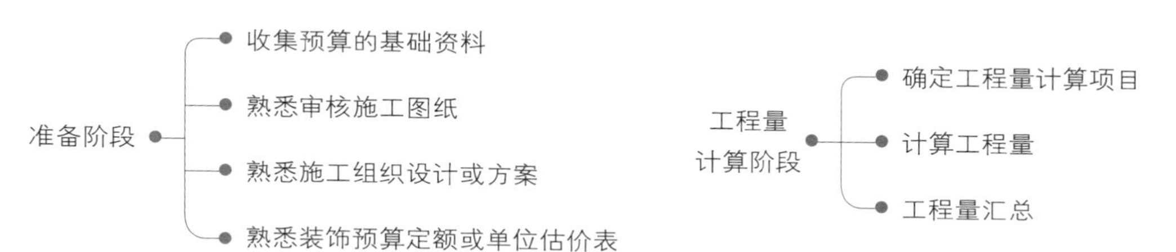

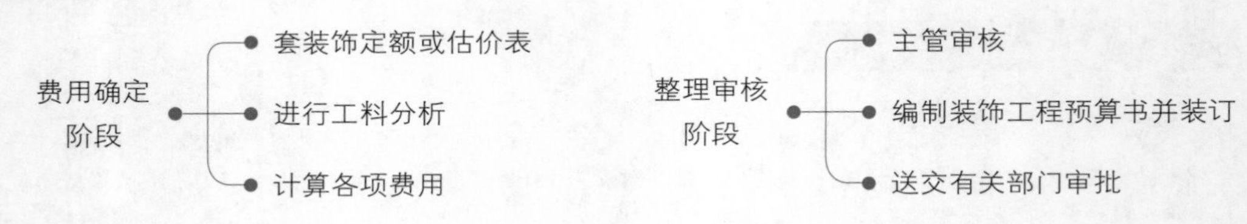

↑室内装饰工程施工图预算的编制步骤

（2）施工图预算编制的具体步骤

①收集有关编制装饰工程预算的基础资料：主要包括经过交底会审的施工图样；批准的设计总概算；施工组织设计或施工方案；现行的装饰工程预算定额或单位估价表；现行装饰工程取费标准；装饰造价信息；有关的预算手册、标准图集；现场勘探资料；装饰工程施工合同等。

②熟悉有关图纸、方案及定额：包括审核施工图纸、施工组织设计或方案及装饰预算定额或单位估价表。

③工程量相关步骤：确定工程量计算项目，并按照预算定额或单位估价表的计算规则计算所列定额子项目的工程量，核算无误后，根据定额内容和定额计量要求，按分部分项工程顺序进行汇总。

④套装饰定额或单位估价表：根据所列计算项目和汇总后的工程量，就可以进行套用装饰市场价格（预算定额）或单位估价表的工作，从而可以确定定额基价。定额的套用多采用预算表格进行，即将汇总后的工程量、查定额所得数据、定额单位及计算出的数据等填入如下所示的预算表格中。

序号	项目编号	分部分项工程名称	定额号	单位	工程量	单价	材料费	人工费	机械费	总价

⑤进行工料分析：根据分部分项工程量，套用装饰工程消耗量定额，计算单位工程人工需要量和各种材料消耗量。

⑥计算各项费用：总的定额基价求出后，按有关费用标准即可计算出其他直接费、间接费、材料差价、计划利润、税金及其他费。

⑦整理、审核：将各种文件资料一并交给主管部门审核，主管部门若没有疑义或提出修改意见即可送装订部门进行装订成册。最后送交有关部门审批。

思考与巩固

1. 室内装饰工程施工图预算的编制依据有哪些？
2. 室内装饰工程施工图预算的编制条件有哪些？
3. 室内装饰工程施工图预算的编制共分为几个阶段？具体有哪些步骤？

第五章 室内装饰工程工程量清单及清单计价

工程量清单计价是一种国际上通行的工程造价计价方式，其包括工程量清单和工程量清单报价两个方面。目前，我国建设工程的招投标主要采用的即为工程量清单计价模式，了解与其有关的定义、编制原则、编制依据、编制步骤等知识，对于室内装饰工程投标报价的学习具有重要的意义。

扫码下载本章课件

一、室内装饰工程工程量清单计价规范

学习目标	本小节重点讲解室内装饰工程工程量清单计价规范。
学习重点	了解室内装饰工程工程量清单计价的有关概念、内涵、作用、意义、内容等。

1 工程量清单的概念

工程量清单是表现拟建工程的分部分项工程项目、措施项目、其他项目名称和相应数量的明细清单，是招标人按照招标要求和施工设计图纸要求规定，将拟建招标工程的全部项目和内容，依据《建设工程工程量清单计价规范》（GB 50500—2013）（以下统称《计价规范》）的工程量计算规则、分部分项工程项目划分及计算单位的规定、施工设计图纸、施工现场情况编制的表格。

工程量清单是招标文件的组成部分，是对招标人和投标人都具有约束力的重要文件，体现了招标人要求投标人完成的工程项目及相应的工程数量，全面反映了报价的要求，也是编制标底和投标报价的依据，应由招标人或招标代理机构根据实际工程情况编写。

工程量清单是工程量清单计价的基础，应作为标准招标控制价、投标报价、计算工程量、支付工程款、调整合同价款、办理竣工结算以及工程索赔等（工程造价管理）的依据。

工程量清单是工程量清单计价的重要手段和工具，是彻底改革传统计价制度和方法以及改革招投标程序和模式的重要标志。

2 工程量清单计价的概念

工程量清单计价是一种国际上通行的工程造价计价方式。按照《计价规范》的解释，工程量清单计价是由招标人提供工程量清单，投标人对招标人提供的工程量清单进行自主报价，通过竞争定价的一种工程造价计价模式。

工程量清单计价方法和模式是一套符合市场经济规律的科学报价体系，对改革我国建设工程传统的计价制度和方法具有重要的现实意义及作用。

工程量清单采用综合单价计价，综合单价是指完成规定计量单位项目所需的人工费、材料费、机械使用费、管理费、利润及风险因素。

招标人按照《计价规范》的“四统一”规定，依据设计文件（图纸）、规范等，编制拟建工程的分部分项工程项目、措施项目、其他项目的名称和相应数量的工程量清单。

投标人按照招标文件及所提供工程量清单、设计要求、施工现场实际情况等，拟定施工方案和施工组织设计，或按企业成本，或按省建设行政主管部门发布的综合定额、市场价格信息，结合市场竞争情况，充分考虑预期利润和风险，自主报价，通过市场竞争，形成合同价格的计价方式。

3 工程量清单的内容

（1）分部分项工程量清单

分部分项工程量清单为不可调整清单。投标人对招标文件提供的分部分项工程量清单经过认真复核后，必须逐一计价，对清单所列项目和内容不允许做任何更改变动。投标人如果认为清单项目和内容有遗漏或不妥，只能通过质疑的方式由清单编制人进行统一的修正，并将修正的工程量清单项目或内容作为工程量清单的补充以招标答疑的形式发往所有投标人。

工程量清单编码

工程量清单编码，主要是指分部分项工程工程量清单的编码。由于室内装饰产品的特性不同，因此室内装饰方法繁多、装饰工艺复杂、装饰材料多变，以墙面装饰为例包括墙面类型、材料类型、不同操作工艺和墙体面层的不同组合等多种类型。识别不同墙面装饰没有科学的编码区分，其清单分项就无法正确地表达与描述。此外，信息技术已在工程造价软件中得到广泛运用，若无统一编码则无法让公众接受与识别并得到信息技术的支持。没有清单分项的科学编码，招标响应、企业定额的制定等就缺乏统一的依据。

《计价规范》以上述因素为前提，对分部分项工程量清单分项编码做了严格、科学的规定，并作为必须遵循的规定条款。《房屋建筑与装饰工程计量规范》（GB 50854—2013）（以下简称《计量规范》）对分部分项工程量清单的编制有以下强制性规定。

①《计量规范》条文说明第 4.0.1 条规定：分部分项工程量清单应包括项目编码、项目名称、项目特征、计量单位和工程量，这五个要件在分部分项工程量清单的组成中缺一不可。

②《计量规范》条文说明第 4.0.3 条规定了工程量清单编码的表示方式：十二位阿拉伯数字及其设置规定。各位数字的含义是一、二位为专业工程代码（其中，01 为房屋建筑与装饰工程；03 为通用安装工程）；三、四位为附录分类顺序码；五、六位为分部工程顺序码；七至九位为分项工程项目名称顺序码；十至十二位为清单项目名称顺序码。

当同一标段（或合同段）的一份工程量清单中含有多个单位工程且工程量清单是以单位工程为编制对象时，在编制工程量清单时应特别注意对项目编码十至十二位的设置不得有重码的规定。

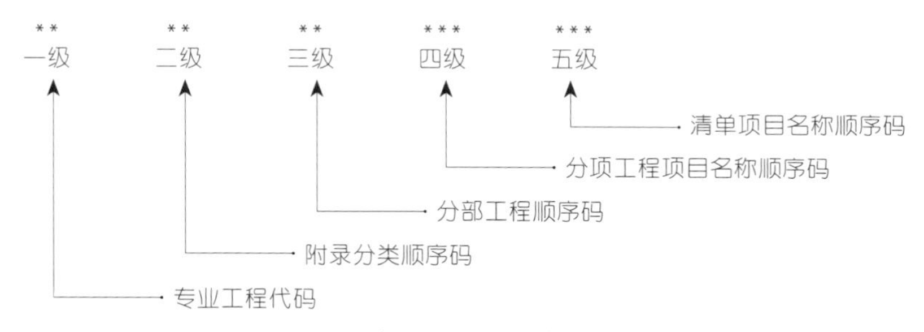

↑项目编码的组成

项目名称

《计量规范》条文说明第 4.0.4 条规定了分部分项工程量清单项目的名称应按附录中的项目名称，结合拟建工程的实际确定。

《计量规范》条文说明第 4.0.10 条规定：随着工程建设中新材料、新技术、新工艺等不断涌现，本规范附录所列的工程量清单项目不可能包含所有项目。在编制工程量清单时，若出现本规范附录中未包括的清单项目，编制人应做补充。在编制补充项目时应注意以下三个方面。

①补充项目的编码应按本规范的规定确定。具体做法如下：补充项目的编码由本规范的代码 01 与 B 和三位阿拉伯数字组成，并应从 01B001 起顺序编制，同一招标工程的项目不得重码。

②在工程量清单中应附补充项目的项目名称、项目特征、计量单位、工程量计算规则和工作内容。

③将编制的补充项目报省级或行业工程造价管理机构备案。

项目特征

《计量规范》条文说明第 4.0.5 条规定：工程量清单的项目特征是确定一个清单项目综合单价不可缺少的重要依据，在编制工程量清单时，必须对项目特征进行准确和全面的描述，但有些项目特征用文字往往难以准确和全面地描述清楚。因此，为达到规范、简捷、准确、全面描述项目特征的要求，在描述工程量清单项目特征时应按以下原则进行。

①项目特征描述的内容应按附录中的规定，结合拟建工程的实际满足确定综合单价的需要。

②若采用标准图集或施工图样能够全部或部分满足项目特征描述的要求，项目特征描述可直接采用详见 ×× 图集或 ×× 图号的方式。对不能满足项目特征描述要求的部分，仍应用文字描述。

计量单位

《计量规范》条文说明第 4.0.7 条规定了工程量清单的计量单位应按附录中规定的计量单位确定。

《计量规范》条文说明第 4.0.8 条规定了本规范附录中有两个或两个以上计量单位的项目，在工程计量时，应结合拟建工程项目的实际情况，选择其中一个作为计量单位，在同一个建设项目（或标段、合同段）中，有多个单位工程的相同项目计量单位必须保持一致。

工程数量

《计量规范》条文说明第 4.0.9 条规定了工程计量时，每一项目汇总工程量的有效位数应遵守下列规定。

①以“t”为单位，应保留三位小数，第四位小数四舍五入。

②以“m^3”“m^2”“m”“kg”为单位，应保留两位小数，第三位小数四舍五入。

③以“个”“项”等为单位，应取整数。

（2）措施项目清单

措施项目是相对于工程实体的分部分项工程项目而言的，是对实际施工中必须产生的施工准备和施工过程中技术、生活、安全、环境保护等方面的非工程实体项目的总称。在定额计价体系中，施工措施费用大都以一定的摊销量或一定比例，按定额规定的统一的计算方法计算后并入工程实体定额的消费量中。而《计价规范》和《计量规范》把非工程实体项目（措施项目）与工程实体项目进行了分离。工程量清单计价规范规定措施项目清单金额应根据拟建工程的施工方案或施工组织设计，由投标人自主报价。这项改革的重要意义是与国际惯例接轨，把施工措施费这一反映施工企业综合实力的费用纳入了市场竞争的范畴。

措施项目清单为可调整清单，投标人对招标文件的工程量清单中所列项目和内容，可根据企业自身特点和施工组织设计做变更（增减）。投标人要对拟建工程可能产生的措施项目和措施费用进行通盘考虑，清单计价一经报出，即被认为是包括了所有应该产生的措施项目的全部费用。如果报出的清单中没有列项，且施工中又必须产生的项目，业主有权认为，其已经综合在分部分项工程量清单的综合单价中。将来措施项目产生时投标人不得以任何理由提出索赔与调整。

措施项目也与分部分项工程一样，编制工程量清单必须列出项目编码、项目名称、项目特征、计量单位。由于影响措施项目设置的因素太多，《计量规范》不可能将施工中可能出现的措施项目一一列出。在编制措施项目清单时，因工程情况不同，出现本规范及附录中未列的措施项目，可根据工程的具体情况对措施项目清单进行补充，且补充项目的有关规定及编码的设置应按《计量规范》条文说明第4.0.10条执行。

（3）其他项目清单

其他项目清单是指包括暂列金额、暂估价（包括材料暂估价、专业工程暂估价）、计日工和总承包服务费等方面的内容，应包括人工费、材料费、机械使用费、管理费及风险费。其他项目清单由招标人和投标人两部分内容组成，以上没有列出的根据工程实际情况补充。

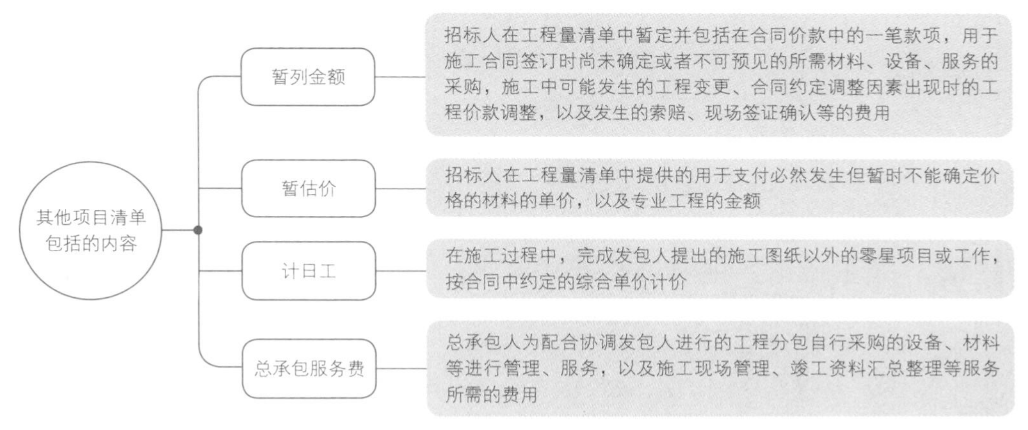

↑其他项目清单包括的内容

（4）规费项目清单

规费是指按规定必须计入工程造价的行政事业性收费。按照国家或省、市、自治区人民政府规定，必须缴纳并允许计入工程造价的各项税费之和。规费项目清单主要包括工程排污费、工程定额测定费、社会保障险（包括养老保险费、失业保险费、医疗保险费）、住房公积金、工伤保险（危险作业意外伤害险）。

（5）税金项目清单

税金是指按国家税法规定应计入工程造价内的营业税、城市维护建设税、教育附加费及社会事业发展费。因此，规费项目清单包括营业税、城市维护建设税和教育附加费。按工程所在地区的税率标准进行计算，工程在市区的，按不含税工程造价的3.659%计算；工程在县城、镇的，按不含税工程造价的3.595%计算；工程在其他地区的，按不含税工程造价的3.466%计算。

4 工程量清单计价的内容

采用工程量清单计价，建设工程造价由分部分项工程费、措施项目费、其他项目费、规费和税金组成。

采用工程量清单计价的工程，应在招标文件或合同中明确风险内容及其范围，不得采用无限风险、所有风险或类似语句规定风险内容及其范围。

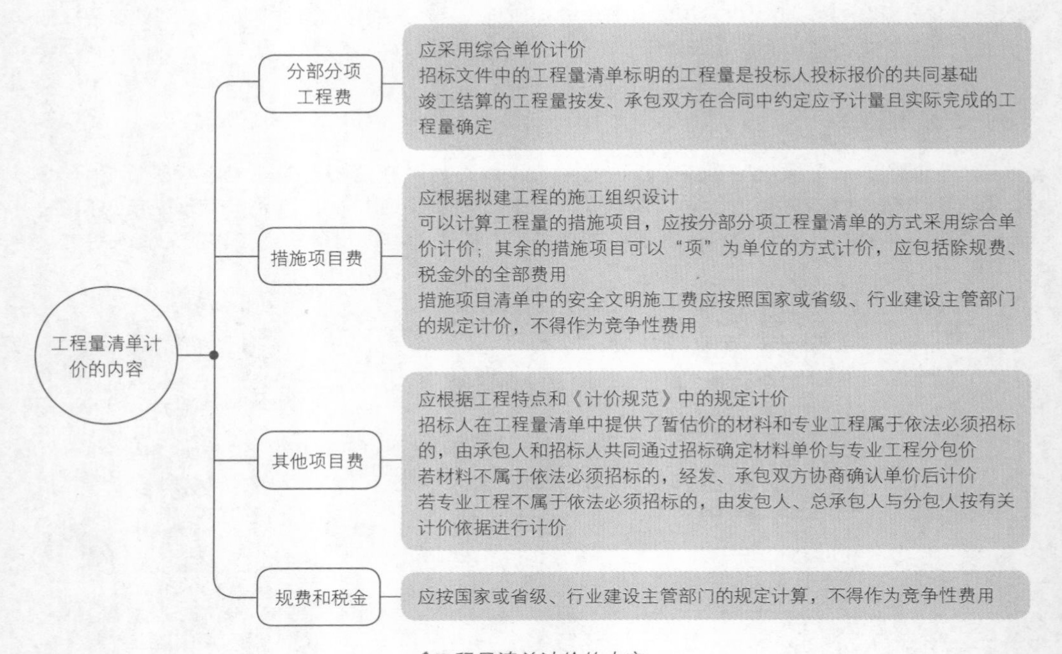

↑*工程量清单计价的内容*

5 工程量清单计价的优点

①工程量清单招标为投标单位提供了公平竞争的基础。
②工程量清单招标体现业主的自主性。
③工程量清单计价有利于风险的合理分担。
④工程量清单招标有利于标底的管理和控制，有利于企业控制成本。
⑤工程量清单招标有利于控制工程索赔。

思考与巩固

1. 什么是工程量清单？其内涵是什么？什么是工程量清单计价？其内涵又是什么？
2. 工程量清单计价有哪些具体的作用？其又有什么意义？
3. 工程量清单和工程量清单计价分别包含哪些内容？

二、室内装饰工程工程量清单的编制

学习目标	本小节重点讲解室内装饰工程工程量清单的编制。
学习重点	了解室内装饰工程量清单编制的原则及依据、编制的步骤和方法等。

1 工程量清单编制的原则及依据

（1）工程量清单编制的原则

遵守国家规定的法律法规

有利于规范建筑装饰市场的计价行为，促进企业加强经营管理和技术进步，不断提高装饰企业的竞争能力。

严格遵守《建设工程工程量清单计价规范》（GB 50500—2013）

做到四个统一，即统一项目编码、项目名称、计量单位以及工程量计算规则。

遵守招标文件相关的原则

工程量清单是招标文件的重要组成部分，必须与招标文件的原则保持一致，与投标须知、合同条款、技术规范等相互照应，较好地反映本工程的特点，完整体现招标人的意图。

编制依据齐全的原则

受委托的编制人必须要检查招标人提供的设计图纸、设计说明等资料是否齐全。

准确合理、内容完备的原则

工程量的计算力求准确，清单项目的设置应力求合理、不漏不重。工程量清单不仅包括“分部分项工程量清单表”，还应有封面、填表须知、总说明、措施项目清单、其他项目清单等内容。

认真进行全面复核，确保清单内容科学合理

工程量清单的准确与否，关系到项目的投资控制、合同责任等问题，所以必须认真地进行全面复核。

（2）工程量清单编制的依据

①计价规范：根据《建设工程工程量清单计价规范》（GB 50500—2013）确定拟装饰装修工程的分部分项工程项目、措施项目、其他项目名称和相应的数量。

②工程招标文件：根据拟装饰装修工程特定工艺要求，确定措施项目；根据工程承包、分包的要求，确定总承包服务费项目；根据对施工图范围外的其他要求，确定零星工作项目费等项目。

③施工图：施工图是计算分部分项工程量的主要依据，根据《建设工程工程量清单计价规范》中对项目名称、工作内容、计量范围、工程量计算规则的要求和拟装饰装修施工图，计算分部分项工程量。

④施工现场的实际情况：国家规定的统一工程量计算规则，国家、当地政府或权威部门的有关规定、标准以及招标人的其他要求等。

2 工程量清单编制的步骤和方法

（1）工程量清单编制的步骤

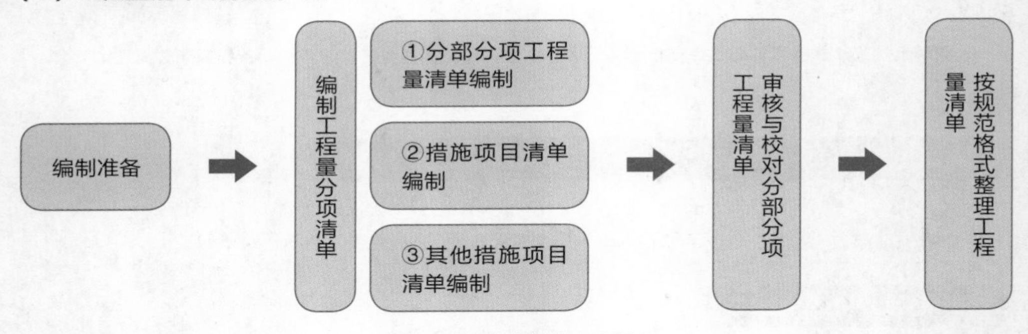

↑工程量清单编制的步骤图示

（2）分部分项工程量清单编制的方法

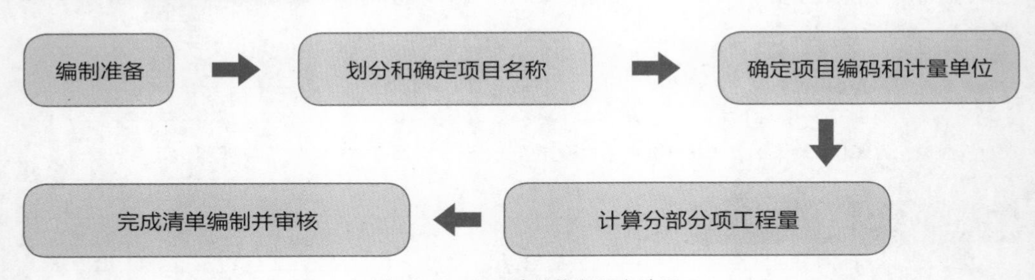

↑分部分项工程量清单编制的方法图示

思考与巩固

1. 工程量清单编制的原则和依据各是什么？
2. 工程量清单的编制有哪些程序和步骤？

三、室内装饰工程工程量清单计价的编制

学习目标	本小节重点讲解室内装饰工程工程量清单计价的编制。
学习重点	了解室内装饰工程工程量清单计价编制的原则及依据和编制、编制程序等。

1 工程量清单计价编制的原则及依据

（1）工程量清单计价编制的原则

质量效益原则

“质量第一”对于任何产品生产和企业来说是一个永恒的原则。企业在市场经济条件下既要保证产品质量，又要不断提高经济效益，是企业长期发展的基本目标和动力。长时期以来不少承包商由于种种原因，往往将质量和效益对立起来，不在如何解决矛盾，质量与效益结合上下功夫，不提高管理水平，而是想方设法地如何降低成本，甚至冒险偷工减料，这必然会导致工程质量下降和效益的降低。因此，决策者和编制者必须坚持施工管理、施工方案的科学性，从始至终贯彻质量效益原则。

优胜劣汰原则

优胜劣汰的竞争原则，就是要求造价编制者在考虑合理因素的同时使确定的清单价格具有竞争性，提高中标的可能性与可靠度。在经济合理的前提下尽量选择可信度高、施工质量好的企业，真正做到优胜劣汰。

优势原则

具有竞争的价格从何而来，关键在于企业优势。例如，品牌、诚信、管理、营销、技术、质量和价格优势等，所以编制工程价格必须善于“扬长避短”，运用价值工程的观念和方法采取多种施工方案和技术措施比价，采用“合理低价”“低报价，高索赔”和“不平衡报价”等方法，体现报价的优势，不断提高中标率，不断提高市场份额。

市场风险原则

编制招投标标底或投标报价必须注重市场风险研究，充分预测市场风险，脚踏实地进行充分的市场调查研究，采取行之有效的措施与对策。

（2）工程量清单计价编制的依据

①清单工程量：清单工程量是由招标人发布的拟建工程的招标工程量。清单工程量是投标人投标报价的重要依据，投标人应根据清单工程量和施工图计算计价工程量。

②施工图：由于采用的施工方案不同，清单工程量只是分部分项工程量清单项目的主项工程量，不能反映报价的全部内容，所以投标人在投标报价时，需要根据施工图和施工方案计算报价工程量。因而，施工图也是编制工程量清单报价的重要依据。

③消耗量定额：消耗量定额一般是指企业定额、建设行政主管部门发布的预算定额等，是分析拟装饰装修工程人工、材料、机械消耗的依据。

④人工、材料、机械市场价格：人工、材料、机械市场价格是确定分部分项工程量清单综合单价的重要依据。

2 工程量计价综合单价的编制

（1）综合单价的概念及内涵

综合单价的概念

综合单价是完成规定计量单位、合格产品所需的全部费用，即一个规定计量单位工程所需的人工费、材料费、机械台班费、管理费和利润，并考虑风险因素而对室内装饰工程做出的综合计价。综合单价不但适用于分项分部工程量清单，也适用于措施项目清单、其他项目清单。

综合单价的内涵

综合单价计价法与传统定额预算法有着本质的区别，其最基本的特征表现在分项工程项目费用的综合性强。它不仅包括传统预算定额中的直接费，还增加了管理费和利润两部分，而且应考虑风险因素形成最终单价，因此称其为综合单价。

从另一个角度来看，对于某一项具体的分部分项工程而言，其又具有单一性的特征。综合单价基本上能够反映一个分项工程单价再加上相应的措施项目费、其他项目费和规费、税金，也就是某种意义上分部分项工程完整（或者全费用）的单价或价格。如果将分部分项工程看作产品，分部分项工程费用即为某种意义上的产品综合单价。

（2）综合单价编制的依据

①《建筑工程施工发包与承包计价管理办法》（建设部第 107 号令）、《建设工程工程量清单计价规范》（GB 50500—2013）及相关政策、法规、标准、规范和操作规程等。

②招标文件和室内施工图样、地质与水文资料、施工组织设计、施工作业方案和技术，以及技术专利、质量、环保、安全措施方案及施工现场资料等。

③市场劳动力、材料、设备等价格信息和造价主管部门公布的价格信息及其相应价差调整的文件规定等信息与资料。

④承包商投标营销方案与投标策略意向、施工企业消耗与费用定额、企业技术与质量标准、企业“工法”资料、新技术新工艺标准，以及过去存档的同类与类似工程资料等。

⑤省、市、地区室内装饰工程综合单价定额，或相关消耗与费用定额，或地区综合估价表（或基价表），省、市、地区季度室内装饰工程或劳动力以及机械台班的指导价。

（3）综合单价编制的程序与方法

综合单价编制的程序

确定综合单价是承包商准备响应和承诺业主发标的核心工作，是能否中标的关键一环，要做好充分的准备工作。具体编制的程序如下所示。

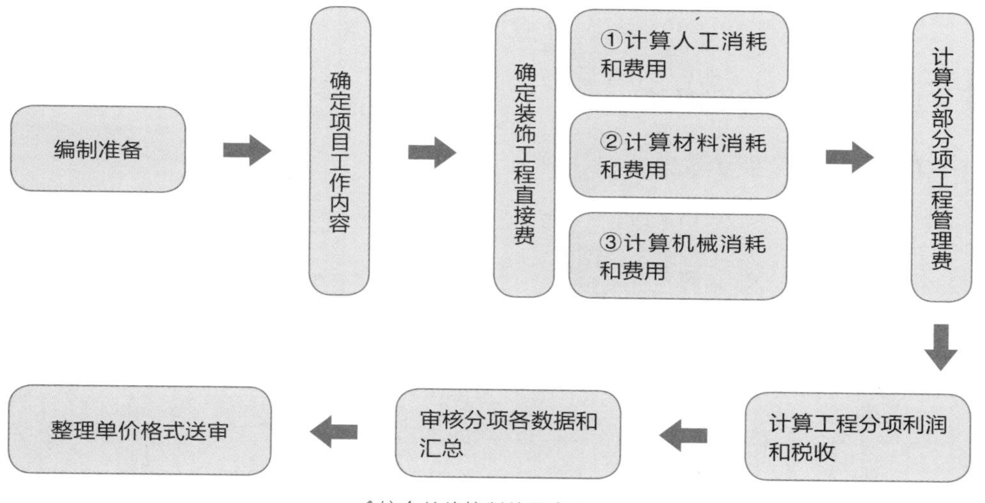

↑综合单价编制的程序图示

综合单价编制的方法

下面以分部分项工程量清单某分项墙面镶贴块料面层项目为例，介绍综合单价的编制方法。该工程为室内装饰工程，工程地点在市区内，其编制步骤如下。

①首先应选用费用定额（或单价表），以《某省建筑装饰工程消耗量定额及统一基价表》和该省的《建筑装饰工程预算定额》等文件为依据进行编制，这对综合单价的编制方法没有影响。传统预算方法与工程量清单计价方法虽有本质区别，但是对定额编制方法而言，还只是在于分项划分与费用组合的区别，在制定方法上并无本质差别。该定额基价中，直接给出了分部分项综合单价，即除给出人工、材料、机械三项直接费外，还包含管理费和利润两项费用。

②根据以上确定的工程内容，进一步查找相应的定额（单价表或基价表）分项的人工、材料、机械台班等的费用，并按定额规定调整差价。

③计算管理费和利润及税收。

④最后进行整理审核。

（4）综合单价的计算方法

综合单价的计算是先用计价工程量乘以定额消耗量得出人工、材料、机械消耗量，再乘以对应的人工、材料、机械单价得出主项和附项直接费，然后计算计价工程量清单项目费小计，接着计算管理费、利润，得出清单合价，最后用清单合价除以清单工程量即可得出综合单价。具体计算公式如下。

主项工料机消耗量＝计价工程量 × 主项定额消耗量

主项直接费＝主项工料机消耗量 × 工料机单价

附项工料机消耗量＝计价工程量 × 附项定额消耗量

附项直接费＝附项工料机消耗量 × 工料机单价

计价工程量直接费＝主项直接费＋附项直接费

计价工程量清单项目费＝计价工程量直接费 ×（1＋管理费率）×（1＋利润率）

综合单价＝计价工程量清单项目费 ÷ 清单工程量

3 工程量清单报价的编制程序

（1）工程量清单计价的价款组成

工程量清单计价的价款组成如下表所示。

序号	名称	计算办法
1	分部分项工程费	Σ（清单工程量 × 综合单价）
2	措施项目费	按规定计算
3	其他项目费	按招标文件规定计算
4	规费	按规定计算
5	不含税工程造价	1＋2＋3＋4
6	税金	按税务部门规定计算
7	含税工程造价	5＋6

工程量清单计价的价款包括按招标文件规定，完成工程量清单所列项目的全部费用，具体包括分部分项工程费、措施项目费、其他项目费和规费、税金，其具体包括以下内容。

①每个分项工程所含全部工程内容的费用。

②完成每项工程内容所需要的全部费用（规费、税金除外）。

③工程量清单项目中没有体现的，施工中又必须产生的工程内容所需的费用。

④要考虑风险因素而增加的费用。

⑤规费和税金。

（2）单位工程计价的基本过程、方法与步骤

单位工程计价的基本过程

在统一的工程量计算规则的基础上，根据具体工程的施工图纸计算出各个清单项目的工程量，再根据各种渠道所获得的工程造价信息和经验数据计算工程造价。

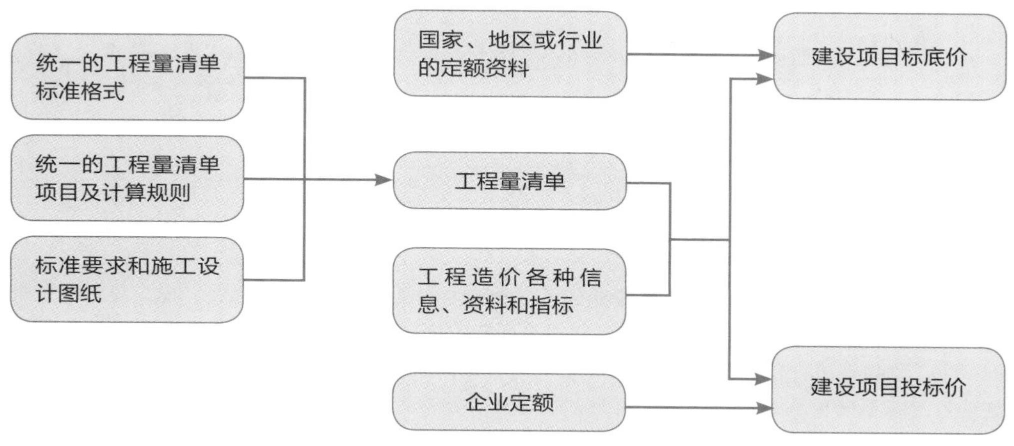

↑单位工程计价的基本过程图示

单位工程计价的方法与步骤

单位工程计价的方法及步骤如下表所示。

序号	名称		计算办法	说明
1	工程量清单项目（分部分项工程费）		清单工程量 × 综合单价	综合单价是指完成单位分部分项工程清单项目所需的各项费用（规费、税金除外）
2	措施项目费		措施项目工程量 × 措施项目综合单价	措施项目费是指为完成工程项目施工，发生于该工程施工前及施工过程中的非施工实体项目
3	其他项目费	招标人部分的金额		招标人部分的金额可按估算金额确定
		投标人部分的金额		根据招标人提出要求所产生的费用确定
		零星工作项目费	工程量 × 综合单价	根据零星工作项目计价表确定

续表

序号	名称	计算办法	说明
4	规费	（1＋2＋3＋4）× 费率	规费是指经国家和当地政府批准，列入工程造价的费用
5	不含税工程造价	1＋2＋3＋4	
6	税金	5× 税率	按税收法律法规的规定列入工程造价的费用
7	含税工程造价	5＋6	

（3）单位工程总价的编制程序与步骤

单位工程项目总价的编制，首先需确定分部分项工程量清单分项综合单价，然后按工程量清单编码排序，依次计算清单分项费用，按规范规定的分部分项工程量清单综合单价分析表、分部分项工程量清单计价表进行填写与汇总，分别计算和确定措施项目工程量清单分项、其他措施项目工程量清单的单价和费用，再分别统计和确定三大分项的费用汇总和计算规费、税金，进行单位工程计价汇总，最后由招标人或投标人形成单位工程的招标标底或投标报价。

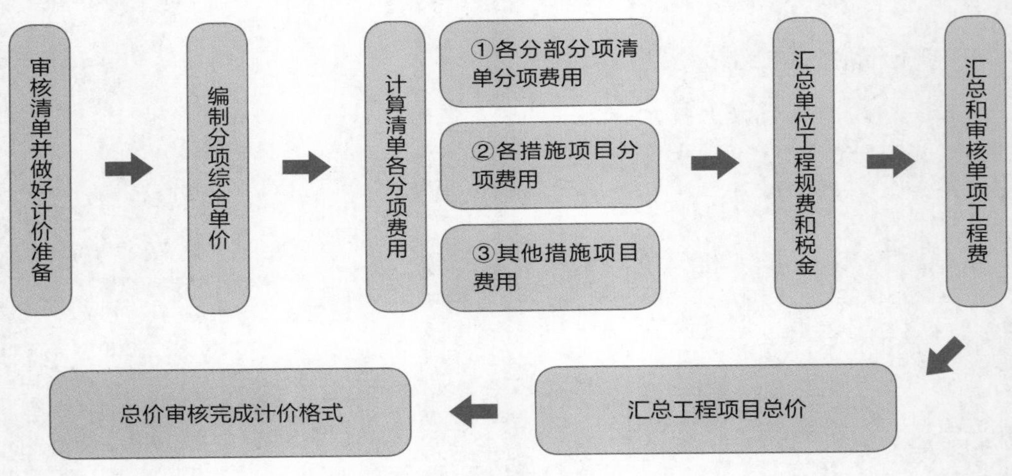

↑工程量清单总价编制程序与步骤图示

思考与巩固

1. 工程量清单计价的编制原则和编制依据分别是什么？

2. 什么是综合单价？其编制程序和方法分别是什么？应如何计算？

3. 工程量清单编制工程项目总价的编制程序与步骤是什么？

四、室内装饰工程工程量清单计价编制实例

学习目标	本小节通过室内装饰工程工程量清单计价编制实例来讲解工程量清单计价的编制。
学习重点	了解室内装饰工程工程量清单计价编制的具体过程及计算方式等。

1 某公司总经理办公室室内装饰工程施工图

某公司总经理办公室室内装饰工程施工图，如下所示。

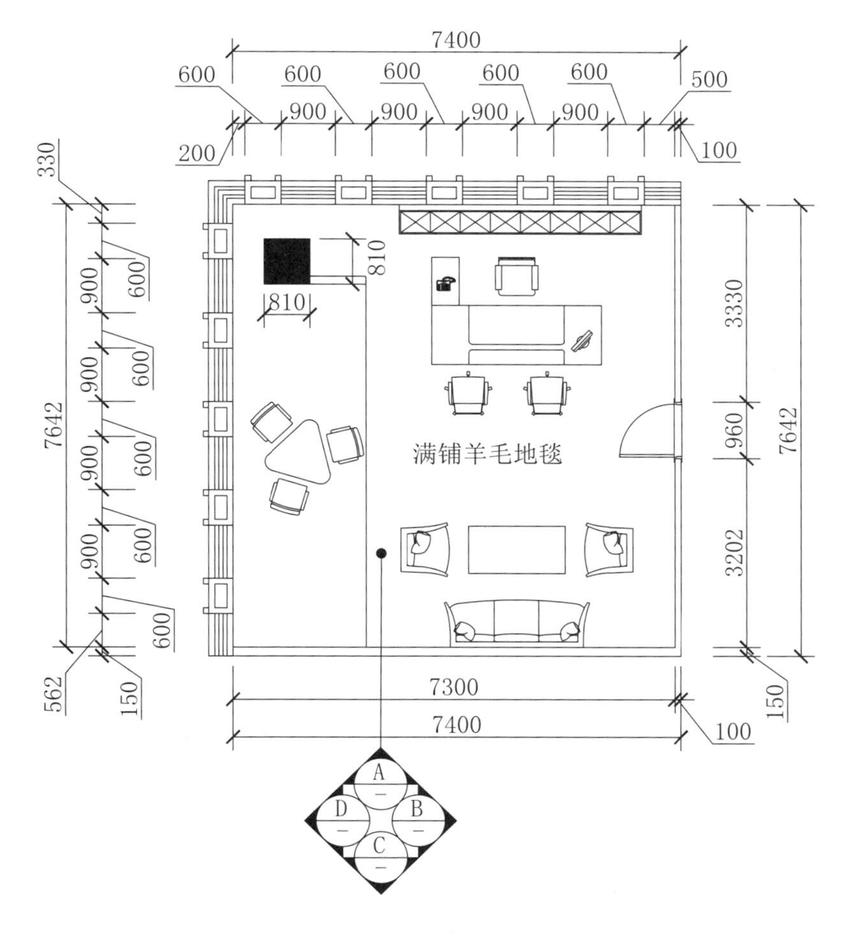

↑平面布置图

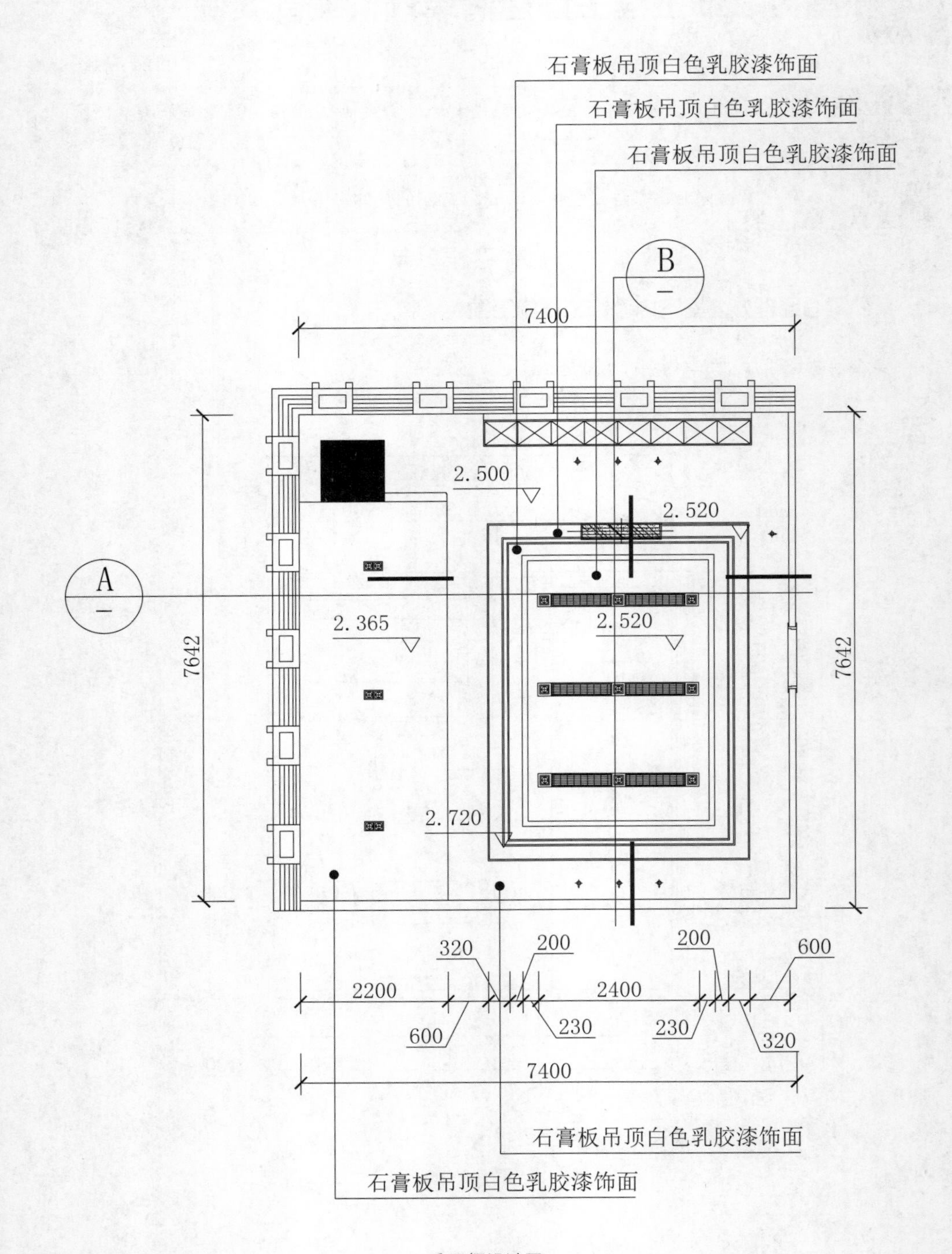
石膏板吊顶白色乳胶漆饰面
石膏板吊顶白色乳胶漆饰面
石膏板吊顶白色乳胶漆饰面
B
7400
7642
7642
A
2.500
2.520
2.365
2.520
2.720
320
200
200
600
2200
2400
600
230
230
320
7400
石膏板吊顶白色乳胶漆饰面
石膏板吊顶白色乳胶漆饰面

↑天棚设计图

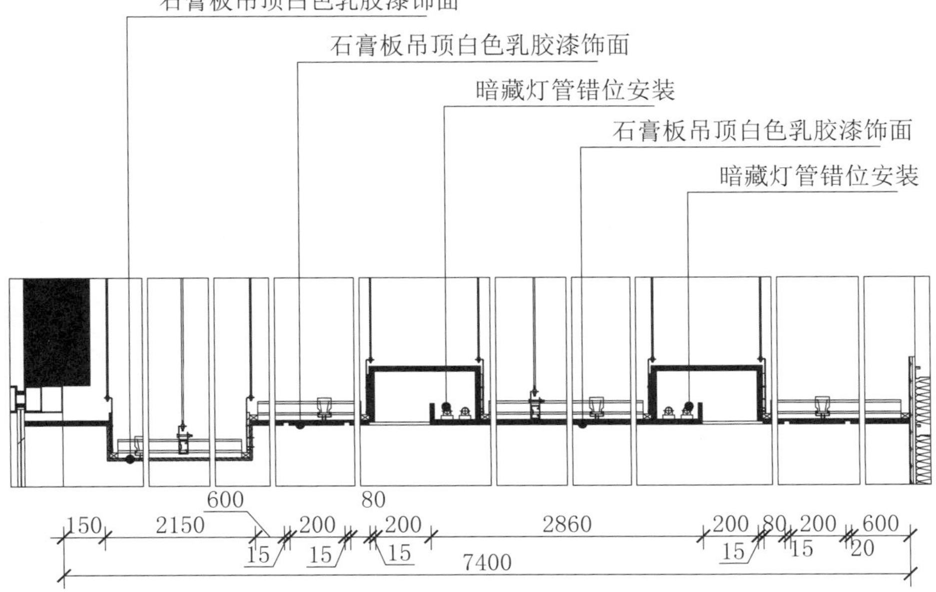

↑顶面剖面图 A

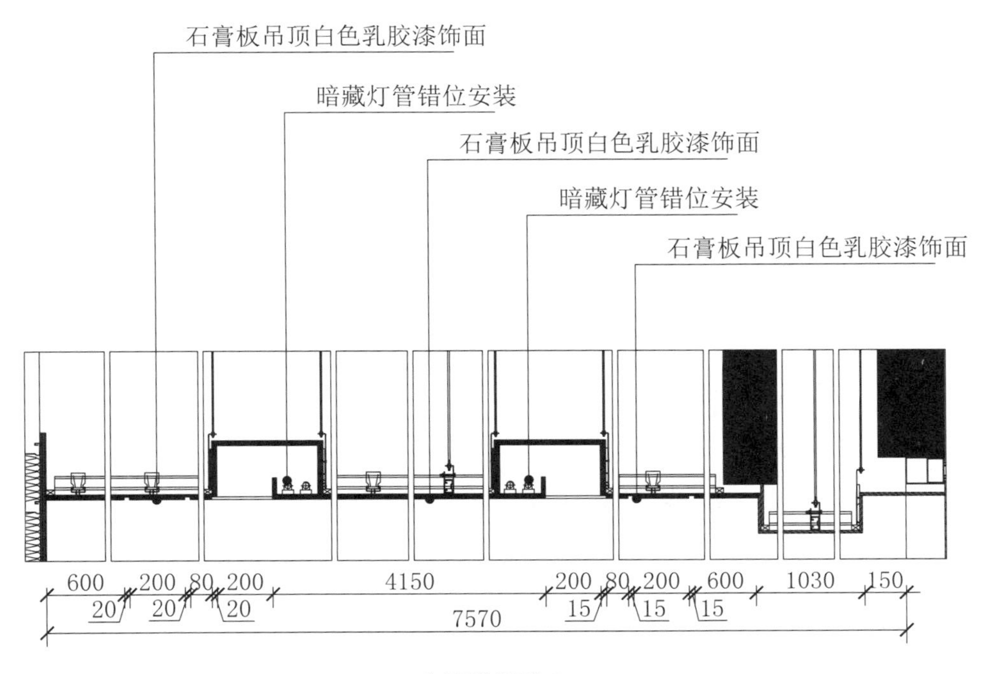

↑顶面剖面图 B

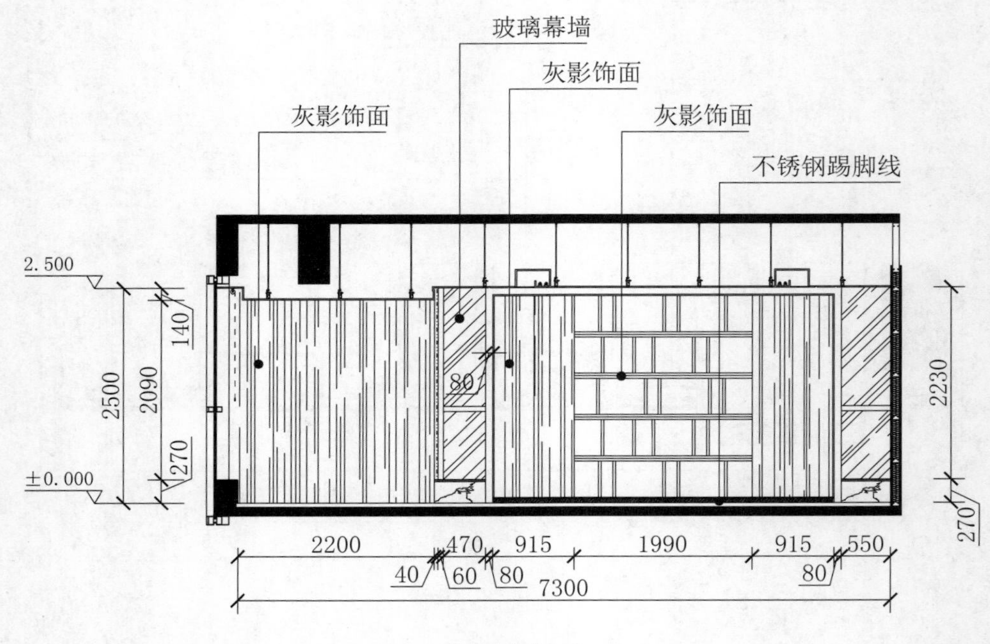
玻璃幕墙
灰影饰面
灰影饰面
灰影饰面
不锈钢踢脚线
2.500
±0.000
2500
2090
140
270
80
2230
270
2200
470
915
1990
915
550
40
60
80
80
7300

A 立面图

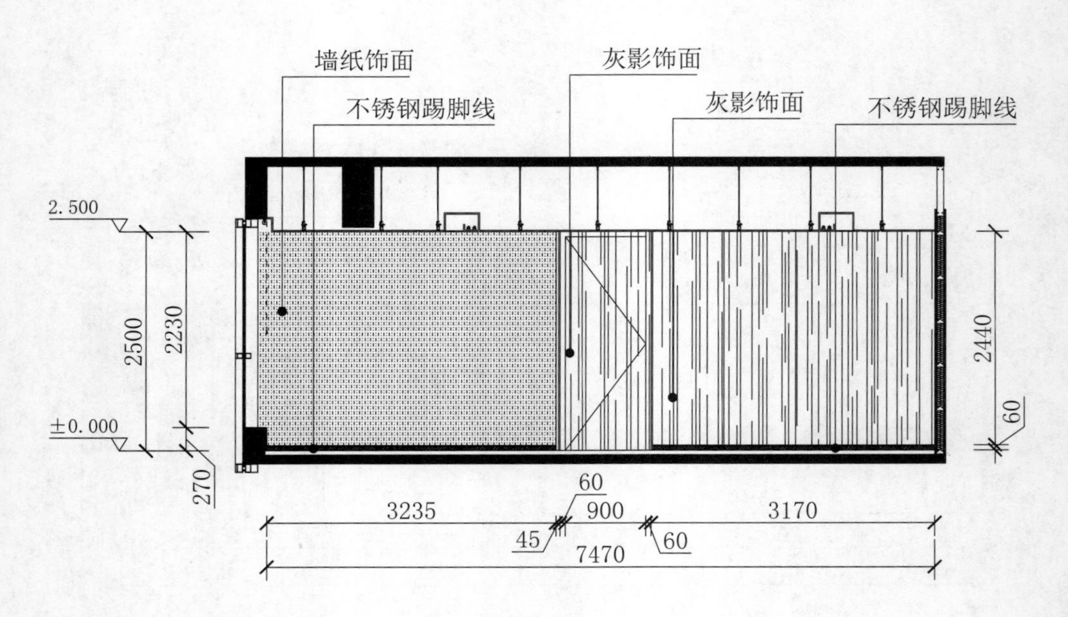
墙纸饰面
不锈钢踢脚线
灰影饰面
灰影饰面
不锈钢踢脚线
2.500
±0.000
2500
2230
270
2440
60
3235
60
900
3170
45
60
7470

B 立面图

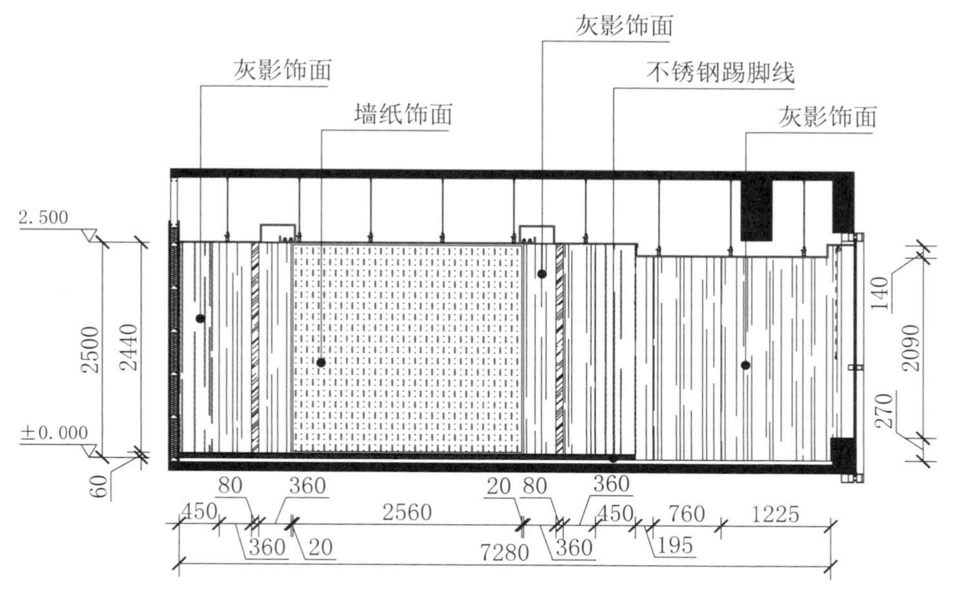
灰影饰面
墙纸饰面
灰影饰面
不锈钢踢脚线
灰影饰面
2.500
±0.000
2500
2440
60
140
2090
270
80
360
2560
20
80
360
450
760
1225
450
360
20
7280
360
195

C 立面图

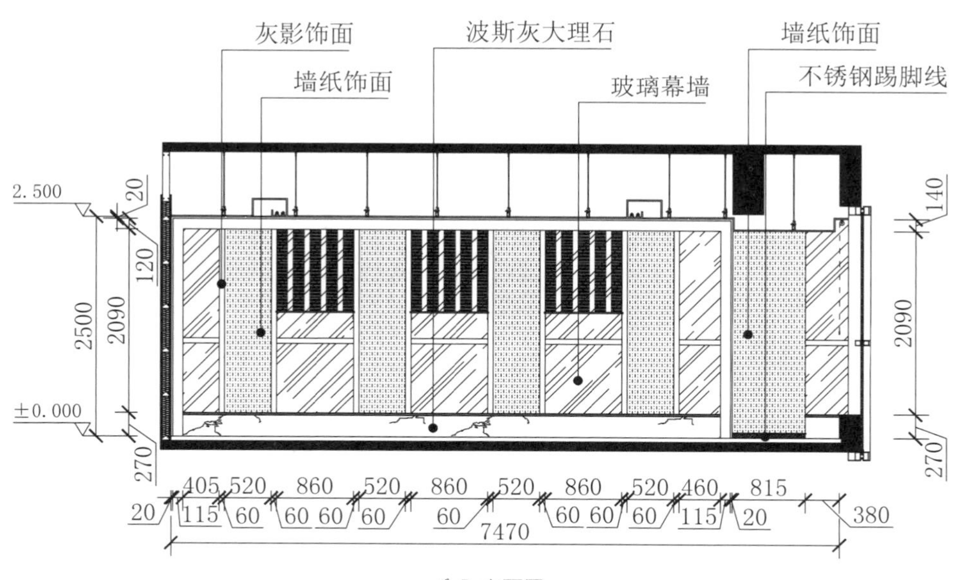
灰影饰面
墙纸饰面
波斯灰大理石
玻璃幕墙
墙纸饰面
不锈钢踢脚线
2.500
±0.000
20
120
2500
2090
270
140
2090
270
405
520
860
520
860
520
860
520
460
815
20
115
60
60
60
60
60
60
60
60
115
20
380
7470

D 立面图

2 某公司总经理办公室室内装饰工程工程量清单编制

根据某公司总经理办公室室内装饰工程施工图和某地区装饰工程预算定额及招标人发布的工程量清单，工程量清单报价如下。

某公司总经理办公室室内装饰工程

工 程 量 清 单

投　标　人：×××（单位签字盖章）

法定代表人：×××（签字盖章）

造价工程师
及注册证号：（签字盖执业专用章）

编制时间：　年　月　日

投 标 总 价

建设单位：某公司

工程名称：某公司总经理办公室室内装饰工程

投标总价（小写）：24099.66 元

（大写）：两万肆仟零玖拾玖元陆角陆分

投　标　人：×××（单位签字盖章）

法定代表人：×××（签字盖章）

编制时间：　年　月　日

工程项目总价表

工程名称：某公司总经理办公室室内装饰工程　　　　第 1 页　共 1 页

序号	单项工程名称	金额 / 元
1	室内装饰装修工程	24099.66
合计		24099.66

注：本工程仅有一个工程项目，因此工程项目总价表和单项工程费汇总表价格相同。

单项工程费汇总表

工程名称：某公司总经理办公室室内装饰工程　　　　第 1 页　共 1 页

序号	单项工程名称	金额 / 元
1	室内装饰装修工程	24099.66
合计		24099.66

注：本工程仅有一个工程项目，因此工程项目总价表和单项工程费汇总表价格相同。

单位工程费汇总表

工程名称：某公司总经理办公室室内装饰工程　　　　第 1 页　共 1 页

序号	单项工程名称	计算公式	费率 /%	金额 / 元
1	分部分项工程量清单计价合计		100	21992.76
2	措施项目清单计价合计		100	1007.27
3	其他项目清单计价合计		100	1099.63
	合计	1 + 2 + 3	100	24099.66

分部分项工程量清单计价表

工程名称：某公司总经理办公室室内装饰工程　　　　第 1 页　共 2 页

序号	项目编码	项目名称	计量单位	工程数量	金额 / 元	
					综合单价	合价
1	010102002001	楼地面羊毛地毯 （1）砂浆配合比找平 （2）铺设填充层、面层、防护材料 （3）装订压条	m^2	53.79	190.92	10269.59
2	011105006001	金属踢脚线 （1）60mm 高踢脚线 （2）基层：9mm 胶合板，1220mm×2440mm×9mm （3）面层：不锈钢	m	3.26	61.42	200.22
3	011302001001	天棚吊顶 （1）吊顶形式：轻钢龙骨石膏板直线跌级天棚 （2）U 形轻钢龙骨，中距 600mm×600mm （3）基层：9mm石膏板 （4）面层批刮腻子，刷白色乳胶漆，底漆和面漆各 2遍	m^2	53.79	110.02	5917.98
4	011408001001	墙纸裱糊 （1）墙面满刮油性腻子 （2）裱糊米色玉兰墙纸	m^2	21.56	25.57	551.29

分部分项工程量清单计价表

工程名称：某公司总经理办公室室内装饰工程　　　　第 2 页　共 2 页

序号	项目编码	项目名称	计量单位	工程数量	金额/元	
					综合单价	合价
5	011024001001	石材墙面 （1）波斯灰大理石 （2）石材抛光	m^2	3.8	191.84	728.99
6	011208001001	墙面装饰板 （1）基层：9mm 胶合板，1220mm×2440mm×9mm （2）面层：灰影饰面板，1220mm×2440mm×39mm （3）木结构基层刷防火漆 2 遍 （4）饰面板面油漆	m^2	36.14	84.37	3049.13
7	010801001001	木质门（实木装饰门） （1）杉木结构底架 （2）灰影贴面三合板饰面 （3）饰面板面油漆	m^2	2.2	280.33	616.73
8	010808001001	木门套 （1）木龙骨 18mm 厚细木工板基层 （2）刷防火漆 3 遍，刷防腐油 1 遍 （3）灰影贴面三合板饰面 （4）饰面板面油漆	m^2	1.27	518.76	658.83
合计						21992.76

措施项目清单计价表

工程名称：某公司总经理办公室室内装饰工程　　　　第 1 页　共 1 页

序号	单项工程名称	金额 / 元
1	环境保护	0
2	文明施工	76.97
3	安全施工	0
4	临时设施	285.90
5	夜间施工	0
6	二次搬运	0
7	脚手架	0
8	已完工程及设备保护	644.40
9	其他	0
	……	
	合计	1007.27

措施项目清单计算表

工程名称：某公司总经理办公室室内装饰工程　　　　第 1 页　共 1 页

序号	单项工程名称	计算基础	费率 /%	金额 / 元
1	文明施工费	分部分项工程费	0.35	76.97
2	临时设施	分部分项工程费	1.3	285.90
3	脚手架	见措施项目费分析表	100.00	0
4	已完工程及设备保护	见措施项目费分析表	100.00	644.40
	合计	1＋2＋3＋4	100.00	1007.27

其他项目清单计价表

工程名称：某公司总经理办公室室内装饰工程　　　　第 1 页　共 1 页

序号	单项工程名称	金额/元
1	招标人部分	
	1.1 预留金	1099.63
	1.2 材料购置费	0
	小计	
2	投标人部分	
	2.1 零星工作项目费	0
	2.2 总包服务费	0
	小计	0
	合计	1099.63

零星工作项目计价表

工程名称：某公司总经理办公室室内装饰工程　　　　第 1 页　共 1 页

序号	名称	计量单位	数量	金额/元	
				综合单价	合价
1	人工			0	0
				0	0
小计					0
2	材料			0	0
				0	0
小计					0
3	机械			0	0
				0	0
小计					0
合计					0

注：本工程无零星工作项目，因此计价表格金额为 0。

分部分项工程量清单综合单分析表

工程名称：某公司总经理办公室室内装饰工程

序号	项目编码	项目名称	工程内容			
			定额号	定额名称	定额单位	工程量
1	010102002001	楼地面羊毛地毯 （1）砂浆配合比找平 （2）铺设填充层、面层、防护材料 （3）装订压条	1-80	羊毛地毯	m^2	53.79
			小计			
2	011105006001	金属踢脚线 （1）60mm 高踢脚线 （2）基层：9mm 胶合板，1220mm ×2440mm×9mm （3）面层：不锈钢	5-148	面层铺贴	m	18.59
			小计			
3	011302001001	天棚吊顶 （1）吊顶形式：轻钢龙骨石膏板直线跌级天棚 （2）U 形轻钢龙骨，中距 600mm×600mm （3）基层：9mm石膏板 （4）面层批刮腻子，刷白色乳胶漆，底漆和面漆各 2遍	3-41	轻钢龙骨	m^2	53.79
			3-117	饰面	m^2	53.79
			5-4	饰面涂饰	m^2	53.79
			小计			
4	011408001001	墙纸裱糊 （1）墙面满刮油性腻子 （2）裱糊米色玉兰墙纸	5-325	贴墙纸	m^2	21.56
			小计			
5	011024001001	石材墙面 （1）波斯灰大理石 （2）石材抛光	2-105	面层铺设	m^2	3.8
			估	石材磨边	m^2	3.8
			小计			
6	011208001001	墙面装饰板 （1）基层：9mm 胶合板，1220mm ×2440mm×9mm （2）面层：灰影饰面板，1220mm ×2440mm39mm （3）木结构基层刷防火漆 2 遍 （4）饰面板面油漆	2-287	基层板	m^2	36.14
			2-301（换）	饰面板	m^2	36.14
			5-4	饰面油漆	m^2	36.14
			小计			

综合单价组合组成						综合单价
人工费	材料费	机械费	管理费	利润	税金	
16.77	157.31	0	4.53	5.35	6.96	190.92 元 / m^2
16.77	157.31	0	4.53	5.35	6.96	
30.07	25.68	0.25	1.46	1.72	2.24	61.42 元 / m
30.07	25.68	0.25	1.46	1.72	2.24	
8.17	52.96	0.10	15.92	2.32	2.45	110.02 元 / m^2
5.59	9.85	0	0.4	0.94	0.62	
6.02	3.53	0	0.25	0.29	0.38	
19.78	66.34	0.10	16.57	3.55	3.68	
9.89	13.43	0	0.60	0.72	0.93	25.57 元 / m^2
9.89	13.43	0	0.60	0.72	0.93	
13.76	153.70	0.46	4.37	5.17	6.72	191.84 元 / m^2
6.2	0	0.28	0.27	0.32	0.41	
19.96	153.70	0.74	4.64	5.49	7.31	
6.02	25.02	0.23	0.81	0.96	1.25	84.37 元 / m^2
8.60	26.86	0.65	0.94	1.11	1.45	
6.02	3.53	0	0.25	0.29	0.38	
20.64	55.41	0.88	2	2.36	3.08	

分部分项工程量清单综合单分析表

工程名称：某公司总经理办公室室内装饰工程

序号	项目编码	项目名称	工程内容			
			定额号	定额名称	定额单位	工程量
7	010801001001	木质门（实木装饰门） （1）杉木结构底架 （2）灰影贴面三合板饰面 （3）饰面板面油漆	4-49（换）	制作安装	m^2	2.2
			5-1	饰面油漆	m^2	2.2
			小计			
8	010808001001	木门套 （1）木龙骨 18mm 厚细木工板基层 （2）刷防火漆 3 遍，刷防腐油 1 遍 （3）灰影贴面三合板饰面 （4）饰面板面油漆	13-122（换）	细木工板门套基层	m^2	1.27
			13-126（换）	装饰夹板门套面层	m^2	1.27
			14-107（换）	其他板材面刷防火漆 3 遍	m^2	1.27
			14-118	木材面刷防腐油 1 遍	m^2	1.27
			5-1	饰面油漆	m^2	1.27
			小计			

措施项目费分析表

工程名称：某公司总经理办公室室内装饰工程

序号	项目名称	单位	措施内容			
			定额号	定额名称	定额单位	工程量
1	脚手架	项				0
2	已完工程及设备保护	项				1
2.1	楼地面成品保护编织布	m^2	13-147	楼地面成品保护旧地毯	m^2	53.79
	费用小计					
3	措施项目费					
	合计					

第 2 页　共 2 页

综合单价组合组成						综合单价
人工费	材料费	机械费	管理费	利润	税金	
48.16	177.79	16.82	6.31	7.47	6.72	280.33 元 / m^2
8.60	6.96	0	0.40	0.48	0.62	
56.76	184.75	16.82	6.71	7.95	7.34	
25.72	4.13	0.06	0.78	0.92	1.20	518.76 元 / m^2
13.1	134.01	0	3.82	4.53	5.88	
167.12	155.5	0	8.34	9.93	12.9	
1.84	0.45	0	0.06	0.07	0.09	
8.60	6.96	0	0.40	0.48	0.62	
216.38	301.05	0	0.06	0.55	0.71	

第 1 页　共 1 页

综合单价组合组成						综合单价
人工费	材料费	机械费	管理费	利润	税金	
						11.98 元 / m^2
0.3	10.5	0.00	0.08	0.76	0.04	
53.79×11.98 ＝ 644.40 元 / m^2						
644.40 元						

工程量清单计量表

工程名称：某公司总经理办公室室内装饰工程　　　　第 1 页　共 3 页

定额编号	工程项目	说明	位置	件数	计算式	单位	数量	累计数量	定额计量单位
地面工程									
1-80	地毯楼地面	羊毛地毯			7.3×（7.642-0.15）-0.95×0.95	m^2	53.79		
	金属踢脚线		A 立面		0.915＋1.99＋0.915	m	3.82		
	金属踢脚线		B 立面		3.235＋3.17	m	6.41		
	金属踢脚线		C 立面		7.28-1.225-0.76-0.195	m	5.1		
	金属踢脚线		D 立面		0.815×4	m	3.26		
5-148	金属踢脚线	不锈钢踢脚线，高 60mm	合计		3.82＋6.41＋5.1＋3.26	m	18.59		
顶棚工程									
3-41	天棚轻钢龙骨	600×600			7.3×（7.642-0.15）-0.95×0.95	m^2	53.79		
3-117	石膏板的安装				7.3×（7.642-0.15）-0.95×0.95	m^2	53.79		
2-281	石膏板基层刷乳胶漆				7.3×（7.642-0.15）-0.95×0.95	m^2	53.79		

工程量清单计量表

工程名称：某公司总经理办公室室内装饰工程　　　　第 2 页　共 3 页

定额编号	工程项目	说明	位置	件数	计算式	单位	数量	累计数量	定额计量单位
墙柱面工程									
	墙面贴墙纸		B 立面		3.235×2.5	m^2	8.09		
	墙面贴墙纸		C 立面		2.56×2.5	m^2	6.4		
	墙面贴墙纸		D 立面		0.52×2.5×4+0.815×（0.27−0.06+2.09）	m^2	7.07		
5-325	墙面贴墙纸	合计			8.09+6.4+7.07	m^2	21.56		
	墙面装饰板	灰影饰面	A 立面		2.2×（2.5 −0.14）+ 0.915×2×（2.5 −0.06 −0.08）+ 1.99×（2.5 −0.14 −0.8）	m^2	12.62		
	墙面装饰板	灰影饰面	B 立面		3.17×（2.5 −0.14 −0.06）	m^2	7.29		
	墙面装饰板	灰影饰面	C 立面		（0.45 + 0.36 + 0.08 + 0.36 + 0.08 + 0.36 + 0.45）×2.44 +（0.195 + 0.76 + 1.225）×（2.5 −0.14）	m^2	10.37		
2-301	墙面装饰板	合计			11.07 + 7.29 + 17.78	m^2	36.14		
2-287	墙面胶合板基层		A、B、C、D 立面		11.07 + 7.29 + 17.78	m^2	36.14		

工程量清单计量表

工程名称：某公司总经理办公室室内装饰工程　　　　第 3 页　共 3 页

定额编号	工程项目	说明	位置	件数	计算式	单位	数量	累计数量	定额计量单位
墙柱面工程									
5-1	饰面板刷清漆		A、B、C、D 立面		$12.62+7.29+10.37$	m^2	30.28		
2-105	石材墙面	波斯灰大理石	D 立面		$7.47\times0.27+7.47\times0.24$	m^2	3.81		
门窗工程									
4-49	木质门（实木装饰门）		B 立面		$0.9\times(2.5-0.06)$	m^2	2.2		
4-109	木门套		B 立面		$(0.10+0.06\times2)\times(2.5-0.06)\times2+(0.10+0.06\times2)\times0.9$	m^2	1.27		
措施项目									
13-147	地毯地面保护	旧地毯	地面		地毯的工程量	m^2	53.79		

思考与巩固

1. 单位工程费汇总表包含哪些内容？
2. 分部分项工程量清单计价表包含哪些内容？
3. 分部分项工程量清单综合单分析表包含哪些内容？

第六章

室内装饰工程的招投标与合同价款

招投标是目前装饰工程交易的一种主要形式，它分为招标和投标两部分，这种形式不仅能够形成公平竞争、规范交易，且对于装饰工程的整体质量和施工进度的控制均有至关重要的作用。本章将对与招投标有关的基础知识及工程量清单招投标的基本方法、合同价格及装饰工程施工合同等知识进行详细的讲解。

一、室内装饰工程招投标的相关概念

学习目标	本小节重点讲解室内装饰工程招投标的相关概念。
学习重点	了解室内装饰工程招标、工程投标、工程标底及开标、评标和定标的概念。

1 室内装饰工程招投标的相关概念

（1）招标的相关概念

招标的概念

招标即招标人（业主或建设单位）择优选择施工单位（承包方）的一种做法。在工程招标之前，将拟装饰装修工程委托设计单位或顾问公司设计，编制概预算或估算，俗称编制标底。标底是一个不公开的数字，是工程招投标中的机密，切不可泄露。招标单位准备好一切条件发表招标公告或邀请几家施工单位来投标，利用投标企业之间的竞争，从中择优选定承包方（施工单位）。

招标的形式

招标可分为公开招标、邀请招标和议标三种形式。

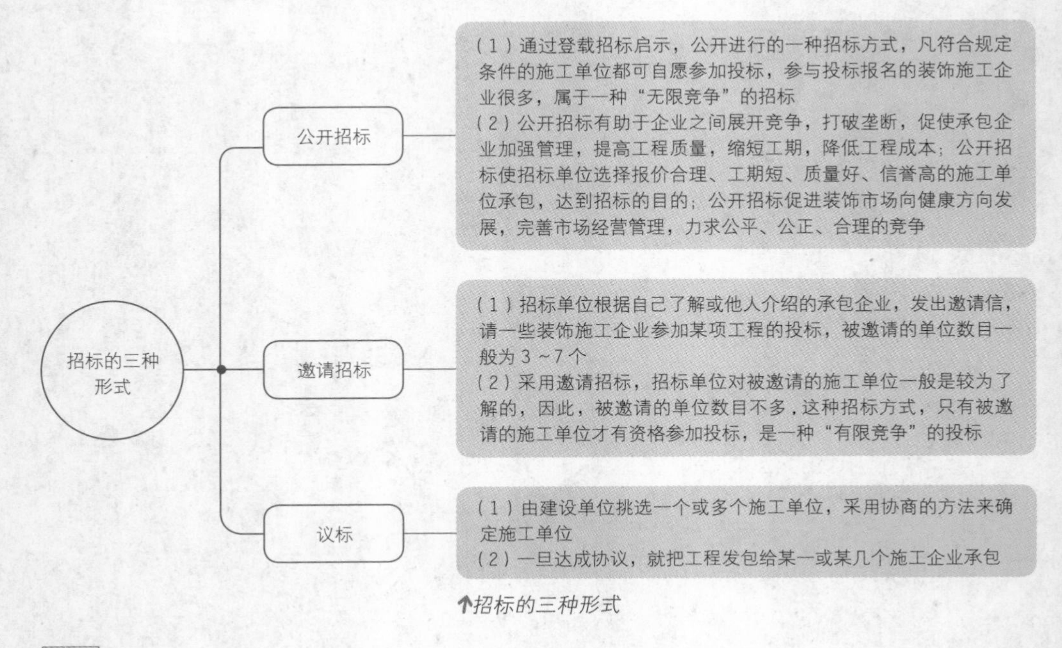

↑招标的三种形式

招标的特点

程序的公开性

招标程序的公开性，有时也指透明性，是指整个采购程序都在公开情况下进行。公开发布投标邀请，公开开标，公布中标结果。投标人资格审查标准和最佳投标人评选标准要事先公布，采购程序也要公开。

程序的竞争性

招标是一种引发竞争的采购程序，是竞争的一种具体方式。招标的竞争性充分体现了现代竞争的平等、信誉、正当和合法等基本原则。招标作为一种规范的、有约束的竞争，有一套严格的程序和实施方法。

程序的公平性

所有感兴趣的供应商、承包商和服务提供者都可以进行投标，并且地位一律平等，不允许对任何投标人进行歧视；评选中标人应按事先公布的标准进行；投标是一次性的，并且不准同投标人进行谈判。所有这些措施既保证了投标程序的完整，又可以吸引优秀的供应商参与投标的竞争。

招标人的条件

招标人是依照投标法的规定提出招标项目、进行招标的法人或者其他组织。招标人在进行招标前，进行招标项目的相应资金或资金来源已经落实；装饰工程建设项目已具有招标条件，并应当在招标文件中如实载明。

如自行组织招标，必须符合下列条件，并设立专门的招标组织，经招投标管理机构审查合格后发给招标组织资格证书。

①有与招标工程相适应的技术、经济、管理人员。

②有组织编制招标文件的能力。

③有审查投标人投标资格的能力。

④有组织开标、评标、定标的能力。

不具备上述条件的，招标人必须委托具备相应资质（资格）的招标代理人组织招标。

招标工程的条件

招标人发起招标的工程，同样需具备一定的条件，具体如下。

①项目已经报有关部门备案。

②已经向招投标管理机构办理报建登记。

③概算已经批准，招标范围内所需资金已经落实。

④满足招标需要的有关文件及技术资料已经编制完成，并经过审批。

⑤招标所需的其他条件已具备。

招标文件的编制

招标单位在进行招标以前，必须编制招标文件。招标文件是招标单位说明招标工程要求和标准的书面文件，也是投标报价的主要依据，所以它应该尽量详细和完善，其内容如下。

①投标人须知。

②招标工程的综合说明：它应说明招标工程的规模、工程内容、范围和承包的方式，对投标人施工能力和技术力量的要求、工程质量和验收规范、施工现场条件和建设地点等。

③图样和资料：如果是初步设计招标，应有主要结构图样、重要设备安装图样和装饰工程的技术说明。

④工程量清单。

⑤合同条件：包括计划开、竣工期限和延期罚款的决定、技术规范和采用标准。

⑥材料供应方式和材料、设备订货情况及价格说明。

⑦特殊工程和特殊材料的要求及说明。

⑧辅助条款：包括招标文件交底时间、地点，投标的截止日期，开标日期、时间和地点，组织现场勘察的时间，投标保证的规定，不承担接受最低标的声明，投标的保密要求等。

（2）投标的相关概念

投标的概念

室内装饰工程施工投标，是指室内装饰施工企业根据业主或招标单位发出的招标文件的各项要求，提出满足这些要求的报价及各种与报价相关的条件。

工程施工投标除单指报价外，还包括一系列建议和要求。投标是获取工程施工承包权的主要方式，也是对业主发出邀约的承诺。施工企业一旦提交投标文件后，就必须在规定的期限内信守自己的承诺，不得随意反悔或拒不认账。投标是一种法律行为，投标人必须承担因反悔违约可能产生的经济、法律责任。

投标是响应招标、参与竞争的一种法律行为。《中华人民共和国招标投标法》明文规定，投标人应当具备承担招标项目的能力，应当具备国家有关规定及招标文件明文提出的投标资格条件，遵守规定时间，按照招标文件规定的程序和做法，公平竞争，不得行贿，不得弄虚作假，不能凭借关系、渠道进行不正当竞争，不得以低于成本的报价竞标。施工企业根据自己的经营状况有权决定参与或拒绝投标竞争。

投标人的条件

投标人是响应招标、参与投标竞争的法人或者其他组织。投标人应当具备承担招标项目相应的设计或施工能力；国家有关法律对投标人资格条件或招标文件对投标人资格条件是有规定的，投标人应当具备规定的资格条件。

投标文件的编制

投标人应按照招标文件的要求编制投标文件，其中的投标须知中应详细阐明招标的范围、内容、报价方式等内容，是投标文件中的关键性文件。同时，投标文件应当对招标文件提出的实质性要求和条件做出响应。投标文件应包括下列内容。

①综合说明。

②按照工程量清单计算的标价及钢材、木材、水泥等主要材料的用量（近年来由于市场经济的逐步发展，很多工程施工投标已不要求列出钢材、木材及水泥用量，投标单位可根据统一的工程量计算规则自主报价）。

③施工方案和选用的主要施工机械。

④保证工程质量、进度、施工安全的主要技术组织措施。

⑤计划开工、竣工日期和工程总进度。

⑥对合同条款主要条件的认定。

2 室内装饰工程标底

（1）标底的内容和作用

标底的内容

①招标工程综合说明：包括招标工程名称、招标工程的设计概算、工程施工质量要求、定额工期、计划工期天数、计划开竣工日期等内容。

②室内装饰招标工程一览表：包括工程名称、建筑面积、结构类型、建筑层数、灯具管线、水电工程、庭院绿化工程等内容。

③标底价格和各项费用的说明：包括工程总造价和单方造价，主要材料用量和价格，工程项目分部分项单价，措施项目单价和其他项目单价，招标工程直接费、间接费、计划利润、税金及其费用的说明。

标底的作用

标底是评标的主要尺度，也是核实投资的依据，又是衡量投标报价的准绳。一个工程只能编制一个标底。室内装饰工程施工招标可以编制标底，其作用如下所示。

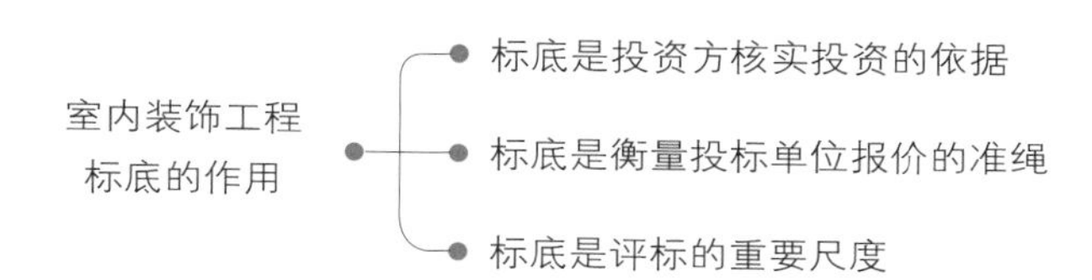

（2）标底的编制原则与依据

标底的编制原则

①根据国家公布的统一工程项目编码、统一工程项目名称、统一计量单位、统一计算规则，以及施工图纸、招标文件，并参照国家、行业或地方批准发布的定额和国家、行业、地方规定的技术标准规范，以及要素市场价格确定的工程量编制标底价。

②标底价作为建设单位的期望价格，应力求与市场的实际变化吻合，要有利于竞争和保证工程质量。

③按工程项目类别计价。

④标底价应由直接费、间接费、利润、税金等组成，一般应控制在批准的总概算（或修正概算）及投资包干的限额内。

⑤标底价应考虑人工、材料、设备、机械台班等价格变化因素，还应包括不可预见费（特殊情况）、预算包干费、措施费（赶工措施费、施工技术措施费）、现场因素费用、保险，以及采用固定价格的工程的风险金等。工程要求优良的还应增加相应的费用。

⑥一个工程只能编制一个标底。

⑦标底编制完成后，直至开标时，所有接触过标底价格的人员均负有保密责任，不得泄露。

标底的编制依据

①国家的有关法律、法规，以及国务院和省、自治区、直辖市人民政府建设行政主管部门制定的有关工程造价的文件和规定。

②工程招标文件中确定的计价依据和计价办法，招标文件的商务条款，包括合同条件中规定由工程承包方承担义务而可能产生的费用，以及招标文件的澄清、答疑等补充文件和资料。在标底价格计算时，计算口径和取费内容必须与招标文件中有关取费等的要求一致。

③国家、行业、地方的工程建设标准，包括建设工程施工必须执行的建设技术标准、规范和规程。

④工程设计文件、图纸、技术说明及招标时的设计交底，按设计图纸确定的或招标人提供的工程量清单等相关基础资料。

⑤标底价应根据招标文件或合同条件的规定；按规定的工程发承包模式，确定相应的计价方式，考虑相应的风险费用。

（3）标底的编制方法

以定额计价法编制标底

定额计价法编制标底采用的是分部分项工程量的直接费单价（或称为工料单价法），仅仅包括人工、材料、机械费用。

直接费单价又可以分为单价法和实物量法两种，单价法即利用消耗量定额中各分项工程相应的定额单价来编制标底价的方法；实物量法即用实物量编制标底。

间接费、利润和税金等费用的计算则根据当时当地建筑市场的供求情况给予具体确定。

以工程量清单计价法编制标底

工程量清单计价的单价按所综合的内容不同，分为两种形式。一种是 FIDIC 综合单价法，即分部分项工程的完全单价，根据统一的项目划分，按照统一的工程量计算规则计算工程量，形成工程量清单。然后估算分项工程综合单价，该单价是根据具体项目分别估算的。FIDIC 综合单价确定以后，再与各部分分项工程量相乘得到合价，汇总之后即可得到标底价格。另一种是计价规范综合单价法，是《计价规范》规定的方法。用综合单价编制标底价格时，要根据工程量清单上的项目（分部分项工程量清单、措施项目清单和其他项目清单）估算各工程量清单综合单价，再与各工程量清单上的工程数量相乘得到合价，最后按规定计算规费和税金，汇总之后即可得到标底价格。

（4）标底的编制步骤

标底的编制方法

室内装饰工程标底的编制主要采用以施工图预算为基础和以工程量清单为基础两种编制方法。

以施工图预算为基础编制标底

根据施工图纸及技术说明，按照装饰预算定额与施工图设计确定的分部分项工程项目，逐项计算出工程量，再套用装饰预算定额基价，确定直接费，然后按规定的取费标准确定施工管理费、其他间接费、计划利润和税金，再加上材料差价调整，以及一定的不可预见费，汇总后构成工程预算，即为标底的基础。

以工程量清单为基础编制标底

标底编制人依据招标文件中的工程量清单，依据当时当地的常用施工工艺和方法，以及装饰市场价格行情，采用社会平均合理生产水平，计算各分项工程单价，估算各项措施费用及其他费用，汇总后得到工程标底。

标底的编制程序

标底的编制程序如下图所示。

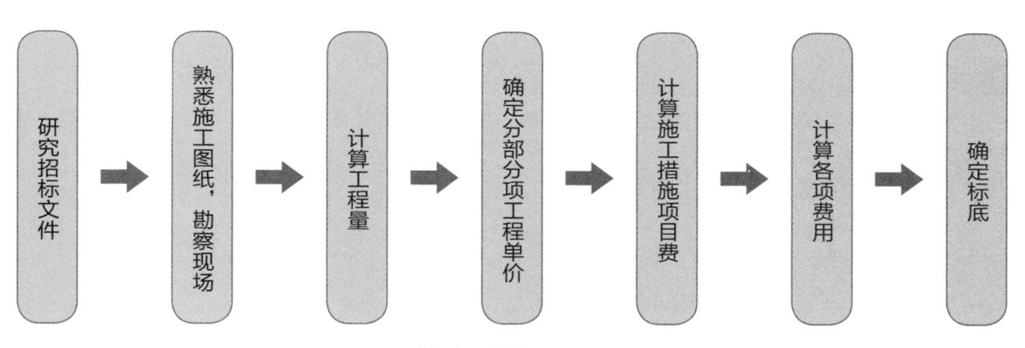

↑标底的编制程序图示

3 开标、评标和定标

（1）开标

开标前的准备工作

开标会是招投标工作中的一个重要的法定程序。开标会上将公开各投标单位标书、当众宣布标底、宣布评标办法等，这表明招投标工作进入了一个新的阶段。

开标前需做的准备工作如下。

①成立评标组织，制定评标办法。

②委托公证，通过公证人的公证，从法律上确认开标是合法有效的。

③按招标文件规定的投标截止日期密封标箱。

开标会的程序

开标、评标、定标活动应在招投标办事机构的有效管理下进行，由招标单位或其上级主管部门主持，公证机关当场公证。

开标会的程序一般如下。

①宣布到会的评标专家及有关工作人员，宣布开标会议主持人。

②投标单位代表向主持人及公证人员送验法定代表人身份证件或授权委托书。

③当众检验和启封标书。

④各投标单位代表宣读标书中的投标报价、工期、质量目标、主要材料用量等内容。

⑤招标单位公布标底。

⑥填写装饰工程施工投标标书开标汇总表。

⑦有关各方签字。

⑧公证人口头发表公证。

⑨主持人宣布评标办法（也可在启封标书前宣布）及日程安排。

审查标书有效性

如果标书有以下情况中的任何一种，即会被认定为无效标书。

①标书未密封。合格的密封标书，应将标书装入公文袋内，除袋口粘贴外，在封口处用白纸条贴封并加盖骑缝章。

②投标书（包括标书情况汇总表、密封表）上加盖法定代表人印章和法定代表人或其委托代理人的印鉴。

③标书未按规定的时间、地点送达。

④投标人未按时参加开标会。

⑤投标书主要内容不全或与本工程无关，字迹模糊，辨认不清，无法评估。

⑥标书情况汇总表与标书相关内容不符。

⑦标书情况汇总表经涂改后未在涂改处加盖法定代表人或其委托代理人印鉴。

（2）评标

评标是决定中标单位的重要的招投标程序，由评标组织执行。

评标组织应由业主及其上级主管部门、代理招标单位、设计单位、资金提供单位（投资公司、基金会、银行），以及建设行政主管部门建立的评委成员组成。一般为 7～11 人，负责人由业主单位人员担任。

为贯彻“合法、合理、公证、择优”的评标原则，应在开标前制定评标办法，并告知各投标单位。通常应将评标办法作为招标文件的组成部分，与招标书同时发出；并组织投标单位答辩，对标书中不清楚的问题要求投标单位予以澄清和确认，按评标办法考核。

室内装饰工程评标定标常采用综合评分法和经评审的最低价中标法。

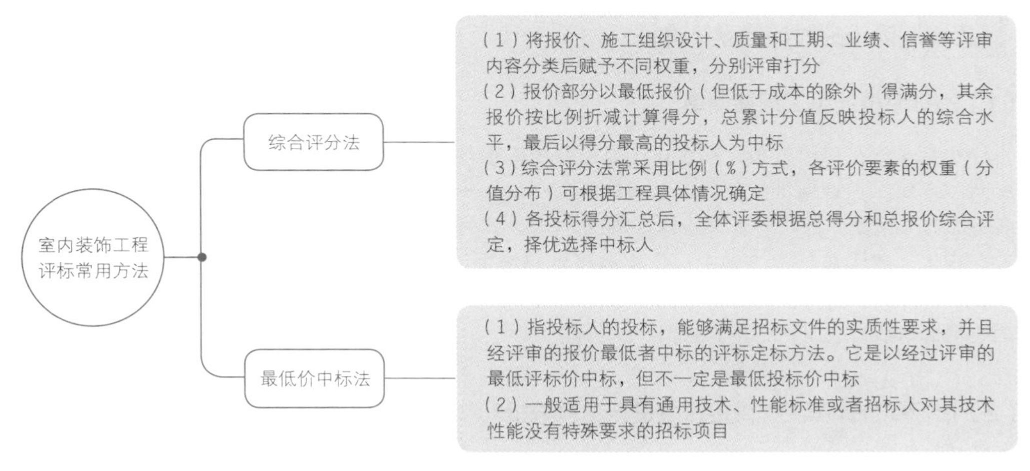

↑室内装饰工程评标常用方法

（3）定标

定标又称为决标，是指评标小组对各标书按既定的评标方法和程序确定评标结论。无论采用何种评标办法，均应撰写评标综合报告，向招标（领导）小组推荐中标候选单位，再由招标（领导）小组召开定标（决标）会议，确定中标单位。

确定中标单位后，招标单位及时发出中标通知书，并在规定期限内与中标单位签订工程施工承包合同。若中标单位放弃中标，招标单位有权没收其保证金，并重新评定中标单位。招标单位应将落标消息及时告知其他投标单位，并要求其在规定期限内退回招标文件等资料，招标单位向投标单位退回保证金和标书，约请投标的，可酌情支付投标补偿费。

思考与巩固

1. 什么是招标？其共有几种形式？又具有哪些特点？

2. 什么是投标？投标文件包括哪些内容？

3. 标底具有什么作用？又包含哪些内容？其编制的原则与依据分别是什么？

二、工程量清单计价与室内装饰工程招投标

学习目标	本小节重点讲解工程量清单计价与室内装饰工程招投标。
学习重点	了解工程量清单招投标的基本方法、特点、程序、工程量清单与合同价格及装饰工程施工合同。

1 工程量清单招投标的基本方法

（1）招标单位计算工程量清单

招标单位在工程方案、初步设计或部分施工图设计完成后，即可委托标底编制单位（或招标代理单位）按照当地统一的工程量计算规则，以单位工程为对象，计算并列出各分部分项工程的工程量清单（应附有有关的施工内容说明），作为招标文件的组成部分发放给各投标单位。

在工程量清单招标方式中，工程量清单的作用：一是为投标者提供一个共同的投标基础，供投标者使用；二是便于评标定标，进行工程价格比较；三是进行工程进度款的支付；四是作为合同总价调整、工程结算的依据。

（2）招标单位计算工程直接费并进行工料分析

标底编制单位按工程量清单计算直接费，并进行工料分析，然后按现行定额或招标单位拟定的人工、材料、机械价格和取费标准、取费程序及其他条件计算综合单价（含完成该项工程内容所需的所有费用，包括直接费、间接费、材料价差、利润、税金等和综合合价），最后汇总成标底。

在实际招标中，根据投标单位的报价能力和水平，对分部分项工程中每一子项的单价也可仅列直接费，而材料价差、取费等则以单项工程统一计算。但材料价格、取费标准应同时确定并明确以后不再调整；相应投标单位的报价表也应按相同办法报价。

（3）投标单位报价投标

投标单位根据工程量清单及招标文件的内容，结合自身的实力和竞争所需要采取的优惠条件，评估施工期间所要承担的价格、取费等风险，提出有竞争力的综合单价、综合合价、总报价及相关材料进行投标。

（4）招投标双方合同约定说明

在项目招标文件或施工承包合同中，规定中标单位投标的综合单价在结算时不做调整；当实际施工的工程量与原工程量出入超过一定范围时，可以按实调整，即量调价不调。对不可预见的工程施工内容，可进行虚拟工程量招标单价或明确结算时补充综合单价的确定原则。

2 工程量清单招投标的特点

采用工程量清单计价招标，可以将各种经济、技术、质量、进度、风险等因素充分细化和量化并体现在综合单价的确定上；可以依据工程量计算规则、工程量计算单位，便于工程管理和工程计量。与传统的招标方式相比，工程量清单计价招标法具有以下特点。

符合我国招投标法规定、符合当前工程造价体制改革原则

符合我国招投标法的各项规定，符合我国当前工程造价体制改革“控制量、指导价、竞争费”的大原则，真正实现通过市场机制决定工程造价。

有利于室内装饰工程项目进度控制，提高投资效益

在工程方案、初步设计完成后，施工图设计之前，即可进行招投标工作，使工程开工时间提前，有利于工程项目的进度控制及提高投资效益。

遵守招标文件相关的原则

工程量清单是招标文件的重要组成部分，必须与招标文件的原则保持一致，与投标须知、合同条款、技术规范等相互照应，较好地反映本工程的特点，完整体现招标人的意图。

有利于业主在极限竞争状态下获得最合理的工程造价

因为投标单位不必在工程量计算上煞费苦心，可以减少投标标底的偶然性技术误差，让投标企业有足够的余地选择合理标价的下浮幅度；同时，也增加了综合实力强、社会信誉好的企业的中标机会，更能体现招投标宗旨。此外，通过极限竞争，按照工程量招标确定的中标价格，在不提高设计标准的情况下与最终结算价是基本一致的，这样可为建设单位的工程成本控制提供准确、可靠的依据。

有利于中标企业精心组织施工，控制成本

中标后，中标企业可以根据中标价及投标文件中的承诺，通过对本单位工程成本、利润进行分析，统筹考虑、精心选择施工方案；并根据企业定额或劳动定额合理确定人工、材料、施工机械要素的投入与配置，实行优化组合，合理控制现场费用和施工技术措施费用等，以便更好地履行承诺，抓好工程质量和工期。

有利于控制工程索赔，做好合同管理

在传统的招标方式中，施工单位的“低报价、高索赔”策略屡见不鲜。但在工程量清单招标方式中，由于单项工程的综合单价不因施工数量变化、施工难易不同、施工技术措施差异、价格及取费变化而调整，这就消除了施工单位不合理索赔的可能。

3 装饰工程招投标程序

(1)装饰工程招标程序

装饰工程建设项目招标工作程序可分为编制工程项目招标计划及准备文件和刊登招标公告及拟投标单位资格审查两大步骤，具体内容如下所示。

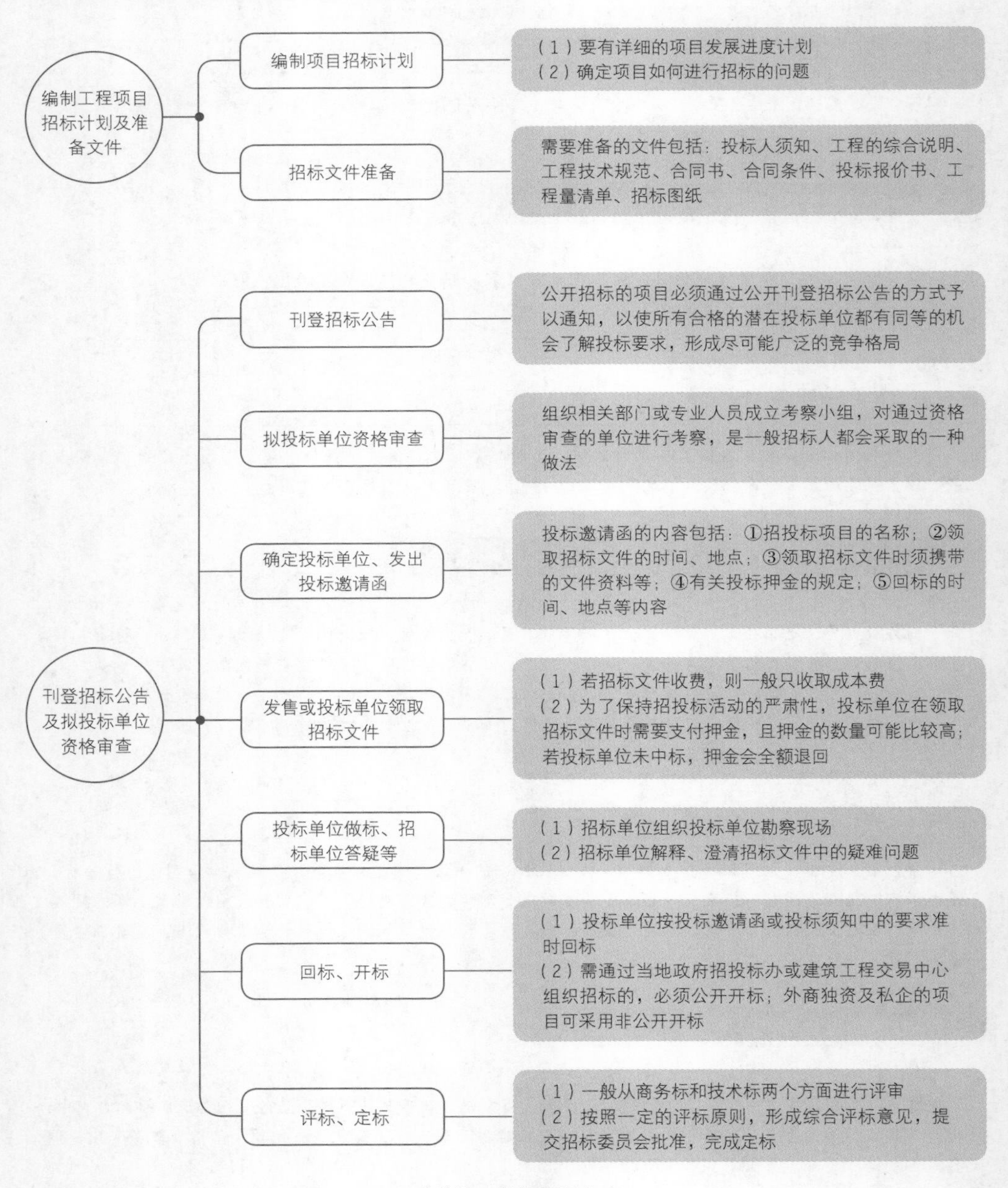

↑装饰工程招标程序

（2）装饰工程投标程序

装饰工程建设项目投标工作程序可分为准备资格预审资料、审阅招标文件、勘察施工现场、编制回标文件及确认中标通知书五个步骤，具体内容如下所示。

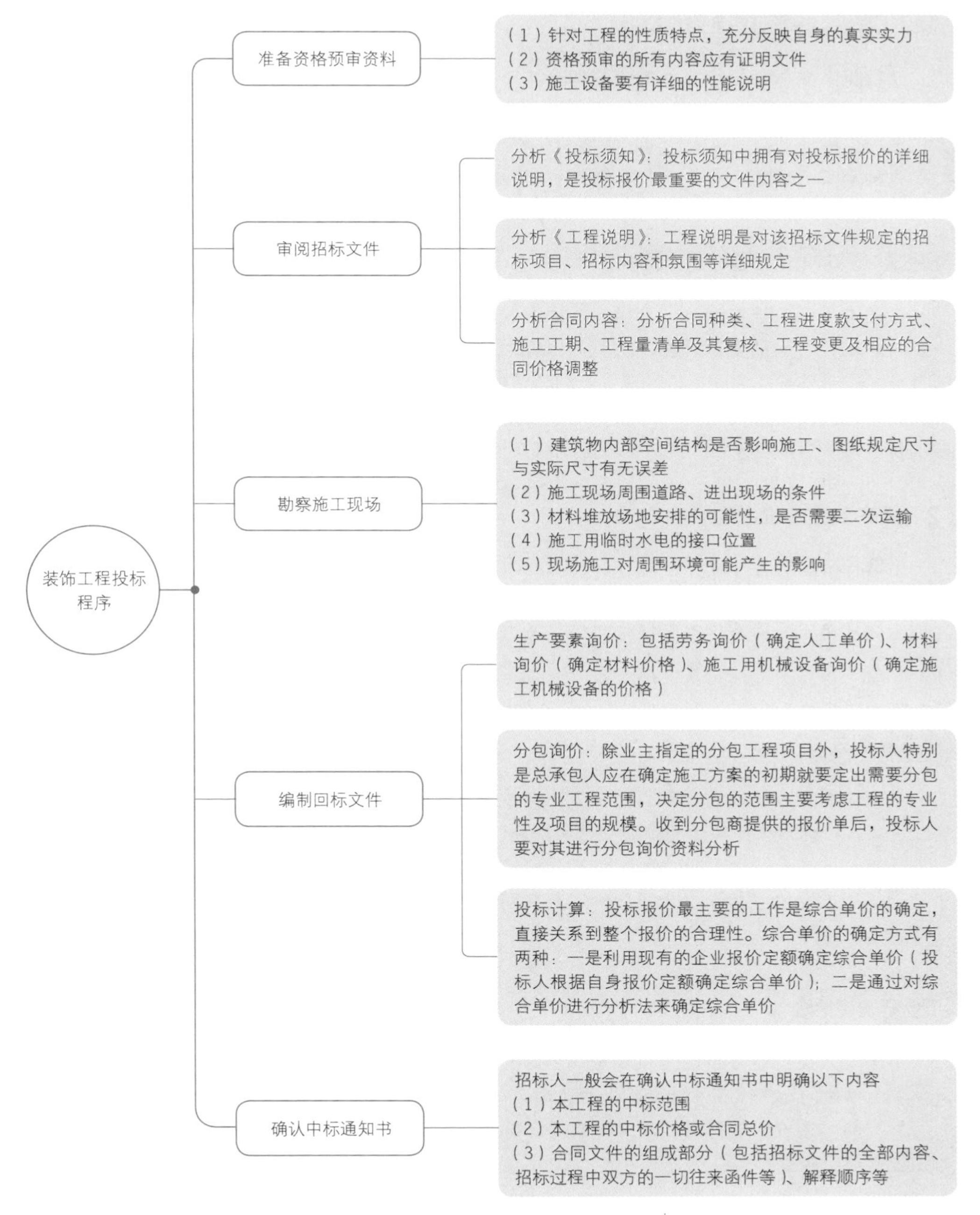

↑装饰工程投标程序

4 工程量清单与合同价格

（1）装饰工程总价合同

根据工程量清单签订的合同总价

工程量清单作为招标文件的组成部分，有投标人报价，一旦定标则合同总价即可确定。若无设计变更及现场签证发生时，工程量固定不变，合同总价位置不变，若有设计变更时，变更款按增减工程量及合同单价计算，决算总价在合同总价的基础上采用增减账的方法确定。

这种合同一般适用于设计比较详细的大型或较为复杂的装修工程项目，使用最为广泛。

根据图纸和技术规范签订的合同总价

合同中不含工程量清单，投标人根据图纸及技术规范进行报价。工程竣工后，如果没有图纸及技术规范方面的变更调整，决算总价即为合同总价；图纸及技术规范有变更，变更款按图纸及技术规范差异及合同单价计算，合同总价做相应调整。

此种合同适用于招标前设计已完成、技术规范已经变质的项目、小型的或简单的项目、复杂项目中某些由指定分包人完成的专业工程及设计施工一体化的工程项目。

（2）装饰工程单价合同

单价合同适用于招投标时设计文件还未编制完成的项目，以保证公正、公平的竞争。计算价格时采用实际完成的工程量和报价中的单价相乘（工程量按实际计算），合同总价只有在项目完成后才能确定。适合施工图纸未完成，按方案或扩大初步图纸招标的情况。通常有以下三种形式。

虚拟分项法

由有关专业人员根据项目的性质及特点参照过往类似工程项目拟定该项目的主要分项项目构成清单，投标人根据拟定的分项项目清单逐一报价，中标后承包人的报价即为合同单价。

计算价格时（包括中期付款及竣工决算），采用实际完成的工程数量和报价的单价（若无此单价则采用市场价）相乘。合同总价只有在项目完成后才能确定。为控制好造价，虚拟分项的项目越详尽越好。

调整标准单价法

由专业人员拟定项目的分项组成，并赋予每个分项标准单价，投标人根据自身情况报价，只需注上单价的比例（%）增减额即可（通常一个分为 1%）。中标后的单价清单即为合同价。

为控制好造价，虚拟分项越详尽越好，标准单价应接近市场合理价格。实际工程中，这种方法应用得比较少。

近似工程量法

分项项目构成由有关人员拟定（类似虚拟分项法），但每一分项由工料测量师赋予近似工程量，投标人按近似工程量投标。工程量清单中的数量为暂定数量，不作为合同文件的一部分，在竣工决算时，所有合同文件中的数量均需重新测量。承包人所报单价为合同单价，为中期付款及竣工决算的依据。

该种合同方式适用于部分设计工作已完成，估计的工程量有一定的可靠性。其最大的优点在于设计和施工可搭接，缺点在于投标人考虑到工程量的不确定性，可能在某些分项上抬高单价报价。该种合同方式在实际工作中用得比较多。

注：在实际中并不一定仅采用某一种合同方式，而是根据实际情况采用一种或两种以上相结合的方式。

5 装饰工程施工合同

（1）合同文件的内容

从项目招标工作开始，到发出中标通知，全部合同文件包括的内容如下。

中标通知书

中标通知书是一份简要概括招标工程内容、工程要求以及投标人投标报价情况的函件。该函件经招标人和投标人双方签字确认后，在合同签订之前，起到承包协议的作用。因此，中标通知书已将招标人和投标人关系提升为发包人和承包人的关系。

合同协议书

合同协议书是发包人与承包人针对招标项目协议、约定内容的体现，将建筑装饰工程承包合同中与招标项目相关的本质性内容概括于此，如承包项目的基本内容、合同总价、工程款支付程序、合同工期、保修期、违约罚款、履约保证、合同的签署地点与时间等。

合同条件

合同条件是合同文件中的通用条款，是招标文件的重要组成部分，对发包人与承包人的责任义务等做详细的规定，对现场管理工程程序、索赔处理程序、突发事件处理程序等都做出了明确阐述。

投标须知

投标须知是阐述招标人工程项目招标指导思想的招标文件。规定招标工程的程序、内容、投标报价方法等，因此投标人投标报价是最应仔细审阅的文件。

工程说明

详细介绍招标工程项目的情况、招标的范围及内容等，以及招标人对该工程项目发展的基本要求的招标文件。

工程量计算规则

标明工程清单的编制依据，也是施工过程中发生设计变更或现场签证等事项时，计算工程量的标准文件。

工程技术规范

规定工程项目应达到的质量标准或要求的文件。

投标报价书

投标人对投标文件高度概括性内容，主要包括投标总价、总工期及投标文件的有效期承诺等。

填妥的工程量清单

填妥的工程量清单包括单价、合价及总价的工程量清单，在工程进度款支付、设计变更及承包工程结算等时候使用。

施工组织设计（技术文件）

阐明施工过程的组织、管理、措施等技术及工艺过程的文件。在工程实施过程中，承包人须遵守执行的内容。

从招标工作开始到结束双方的一切往来函件

招投标过程中招标人和投标人之间的往来函件是合同文件的重要组成部分，这些函件一般涉及对招标文件的解释、说明、补充等。

招标图纸

招标图纸是合同清单工程数量的计算依据之一，也是后期工程变更、现场签订及工程结算的重要依据。

（2）签订合同需注意的问题

合同效力的审查与分析

①当事人资格审查：无论是发包人还是承包人，必须具备相应的民事权利能力和民事行为能力。有些招标文件或当地法规对外地承包商有一些特殊的规定，如在当地注册、获取许可证等。根据我国法律规定，承包人要承包工程不仅必须具备相应的民事权利能力（营业执照、许可证等），还应具备相应的民事能力（资质等级证书等）。

②工程项目合法性审查：即合同客体资格的审查。主要审查工程项目是否具备招投标及签订合同的一切条件，包括：是否具备工程项目建设所需的各种批准文件、工程项目是否已经列入年度计划等。

③合同签订过程的审查：招标人是否有规避招标行为和隐瞒工程真实情况的现象；投标人是否有串通作弊、哄抬标价或以行贿的手段谋取中标的情况；招标代理机构是否有泄露应当保密的与招投标活动有关的情况和资料的现象，以及其他违背公开、公平、公正原则的行为。

④合同内容合法性审查：主要审查合同条款和所指的行为是否符合法律规定，如分包转包的规定、劳动保护的规定、环境保护的规定、赋税和免税的规定等。

合同完备性的审查

根据我国合同法规定，合同应包括合同当事人、合同标的、标的的数量和质量、合同价款或酬金、履行期限、履行地点和方式、违约责任和解决争议的方法等内容。如何合同不够完备，就有可能给当事人造成重大损失，因此，必须对合同的完备性进行审查。

合同条款公正性的审查

公平公正、诚实信用是我国合同法中最基本的规定，当事人在签订合同和履行合同过程中，都应严格遵守。

承包范围及内容的审查

合同中经常出现的问题有，因工作范围及工作内容的规定不明确或承包人未能正确理解而出现报价漏洞，从而导致成本增加甚至整个项目出现亏空；由于工作范围不明确，对一些合同文件包括的工程量没有进行计算而导致施工成本上升；对建筑装饰材料的规格、型号、质量等级等要求、技术标准文字表达不清。

权利和义务的审查

从大的方面来说，合同应公平、公正、合理地规定双方的权利和义务。但容易被忽视的是，合同当事人的权利和义务是否具体、详细、明确，责任范围界定是否清晰等。

工期和施工进度计划的审查

工期的长短直接与承发包双方的利益相关。发包人在审查合同时，应当综合考虑工期、质量、成本三者的制约关系，以确定合同工期；承包方则应当认真分析己方能够在发包人规定的工期内完成工程施工，需要发包人提供什么条件或配合。

工程款及支付问题的审查

工程款是施工承包合同中的关键性条款，一般容易发生约定不明确或没有确定的情况，往往为日后争议和纠纷的发生埋下隐患。因此，无论发包人还是承包人，都应认真研究与工程款支付有关的问题。

违约责任的审查

签订违约责任条款的目的在于使合同双方严格履行合同的义务，防止违约行为的发生。因此，违约责任必须具体、完整、明确、公平。

总承包合同中发包人、总承包人和分包人的责任及相互关系的审查

发包人与总承包人、发包人与独立分包人、总承包人与分包人（包括制定分包人）之间订有总承包和分包合同，法律对发包人、总承包人及分包人各自的责任和相互关系也有原则性规定。在总承包合同中应当将各方责任和关系具体化，便于操作，避免纠纷。

关于设计变更及现场签证的有关规定的审查

任何工程在施工过程中都会不可避免地发生设计变更、现场签证和材料差价等问题，所以合同中必须对价款调整的范围、程序、计算依据和设计变更、现场签证、材料价格的签发、确认做出明确的规定。

质保金处理问题的审查

质保金包含质量保修金和质量保证金两种不同的含义。虽然只有一字之差，法律属性却截然不同。

思考与巩固

1. 工程项清单招投标的基本方法共有几种？内容分别是什么？
2. 工程量清单招投标有哪些特点？装饰工程招标与投标的程序分别是什么？
3. 装饰工程合同价格有几种类型？每种包含哪些形式？
4. 装饰工程施工合同文件应包括哪些内容？签订合同有哪些注意事项？